U0337902

国家自然科学基金青年基金项目(51204166、51704098)
河南省科技攻关计划(172102310363)
河南省教育厅科学技术研究重点项目(16A440004)

深部巷道围岩钻孔卸压与锚注支护协同控制技术

王　猛　王襄禹　著

中国矿业大学出版社

·徐州·

图书在版编目(CIP)数据

深部巷道围岩钻孔卸压与锚注支护协同控制技术 /
王猛，王襄禹著. 一徐州：中国矿业大学出版社，
2019.11

ISBN 978 - 7 - 5646 - 3335 - 6

Ⅰ. ①深… Ⅱ. ①王… ②王… Ⅲ. ①巷道围岩一钻
孔一卸压一研究②巷道围岩一巷道支护一锚喷支护一研究
Ⅳ. ①TD263

中国版本图书馆 CIP 数据核字(2019)第 266254 号

书　　名	深部巷道围岩钻孔卸压与锚注支护协同控制技术
著　　者	王　猛　王襄禹
责任编辑	于世连　章　毅　张　岩
出版发行	中国矿业大学出版社有限责任公司
	（江苏省徐州市解放南路　邮编221008）
营销热线	（0516)83884103　83885105
出版服务	（0516)83995789　83884920
网　　址	http://www.cumtp.com　E-mail:cumtpvip@cumtp.com
印　　刷	徐州中矿大印发科技有限公司
开　　本	787 mm×1092 mm　1/16　**印张** 10.75　**字数** 211 千字
版次印次	2019 年 11 月第 1 版　2019 年 11 月第 1 次印刷
定　　价	38.00 元

（图书出现印装质量问题，本社负责调换）

前　言

煤矿进入深部开采阶段后,煤岩体组织结构、基本行为特征和工程响应均发生了根本性变化,巷道不同程度出现了非线性大变形、支护困难等现象,甚至一些特殊巷道因难于维护而被废弃。对于一些极难维护的高应力巷道,应力转移可以比加强支护和加固围岩取得更好的矿压控制效果。基于应力转移的诸多卸压技术将对开挖卸荷后的煤岩体产生二次损伤,卸压后巷道围岩承载能力及结构稳定性均得到不同程度弱化,支护体受力将会产生动态响应。如何调控合理卸压程度及控制卸压巷道长期稳定是影响卸压技术在深部巷道推广应用的主要因素。本书聚焦徐矿集团典型深部高应力巷道,以钻孔卸压技术作为研究对象,采用实验室试验、理论分析、数值模拟、现场工业性试验等方法,系统研究了深部巷道围岩钻孔卸压与锚注支护协同控制技术。其主要研究成果包括:① 基于室内加卸载试验,建立了深部围岩峰后强度衰减模型,实现了对 FLAC³ᴰ 软件应变软化模型的二次开发;② 分析了卸压方位、卸压时机及钻孔参数对深部巷道围岩稳定性的影响规律,提出了卸压钻孔参数的确定方法,完善了钻孔卸压技术体系;③ 分析了卸压后巷道围岩流变特征以及锚注支护对卸压后巷道破碎围岩控制效果,揭示了卸压巷道围岩稳定控制机理;④ 研究了卸压期间支护结构受力的动态响应规律,开发了深部巷道围岩钻孔卸压与锚注支护协同控制技术,完善了深部巷道围岩"卸压-支护"控制技术体系。

本书第1章主要介绍了本书的研究背景、研究意义和国内外研究现状;第2章主要介绍了深部巷道围岩峰后强度衰减模型以及 FLAC³ᴰ 软件应变软化模型的二次开发过程;第3章主要介绍了钻孔卸压作用原理及其关键参数确定方法;第4章主要对深部卸压巷道围岩流变特征及控制进行了理论计算和模拟分析;第5章主要介绍了深部巷道围岩钻孔卸压与锚注支护协同控制技术;第6章主要介绍了"钻孔卸压-锚注支护"的工程实例,第7章对所做的工作进行了总结。

在本书的编写过程中,参考了许多国内外文献资料;在相关技术工程应用过程中得到了徐矿集团以及张双楼煤矿工程技术人员的大力支持。本书的出版得到了国家自然科学基金青年基金项目(51204166、51704098)、河南省科技攻关计划(172102310363)、河南省教育厅科学技术研究重点项目(16A440004)的资助。此外,在本书的编写过程中,郑冬杰、宋子枫、李杰等在文字录入、图表绘制方面做了大量工作。在此对所有人表示感谢。

由于作者水平有限,书中难免存在错误和不妥之处,恳请读者批评指正。

作　者

2019 年 4 月

目　　录

1　绪　　论

1.1　研究背景及意义

近年来,随着我国国民经济的快速发展,国家对以煤炭资源为主的化石能源的需求量不断增加。依据《煤炭工业发展"十三五"规划》,煤炭作为我国主体能源,在一次能源结构中占 60% 左右,且在未来相当长的时期内,其主体能源地位不会改变。煤炭需求量及开采强度的增加,导致我国浅部煤炭资源日益枯竭。许多矿区尤其是东部近海岸矿区已相继转入深部开采阶段。国内一些学者基于对深部开采界限问题的深入研究,普遍将深浅部开采界限定为 700 m,如表 1-1 所示。

表 1-1　　　　　　　　　　　　煤矿深浅部开采界限划分

埋深/m	≤500	500~700	700~1 000	≥1 000
划分类别	浅部开采	准深部开采	深部开采	超深部开采

全国已查明的煤炭资源储量中,埋深在 1 000 m 以下的约为 2.95 万亿 t,占煤炭资源总量的 53%。据统计,我国煤矿开采深度以每年 8~12 m 的速度增加,中东部矿井的则高达 20~25 m/a。我国开采深度超过 800 m 的矿井近 200 对。这些矿井主要分布于中东部地区的 43 个矿区。其中,开滦、新汶、巨野、徐州、平顶山、淮南等矿区的开采深度均已超过 1 000 m。预计未来 20 年内,我国中东部地区大部分矿井将进入 1 000~1 500 m 的超深部开采环境。

由于我国的煤炭资源赋存条件较差,所以 90% 以上的煤炭产量来自地下开采。为此,需要在井下开掘大量巷道。据不完全统计,我国煤矿每年新掘进的巷道总长度已超过 2 万 km。巷道的维护效果直接影响着矿井安全高效生产。近年来,随着开采深度的增加,煤岩体赋存结构与应力环境逐渐趋于复杂。深部煤岩体长期在高地应力、高地温、高渗透压以及强时间效应作用下,其组织结构、基本行为特征和工程响应与浅部的相比均发生了根本性变化。巷道掘出后围岩易表现出显著的非线性软岩力学特征,碎胀、扩容等大变形破坏现象严重(如图 1-1 所示)。巷道围岩支护和维护效果极差。往往巷道经历多次修复和加固之后,其仍无法满足矿井生产所需的断面要求。甚至一些巷道因难于维护而被遗弃。据顿涅茨矿区资料介绍,为解决埋深增加带来的影响,15 a 内尽管支护强度增加一倍,支护费用增加 1.4 倍,但是矿井巷道复修量仍超过 40%。我国统计的深部巷道翻修率甚至高达 200%。由深部开采引起的片帮、冒顶等安全事故约占矿山建设、生产事故总数的 40%,由这些事故引起的死亡人数比例占据矿山百万吨死亡率的 50% 以上。因此,深部巷道围岩的稳定控制已成为决定深部矿井经济效益和安全生产的关键问题之一。

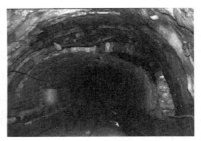

图 1-1　深部巷道大变形照片

为解决深部巷道围岩稳定性维护这一技术难题,国内外学者展开了大量研究,逐渐形成了"先柔后刚、先让后抗、柔让适度、稳定支护"(即一次卸压、二次加强支护)的联合支护理念。该支护理念的重点是"柔让适度",强调适度让压才能更有效进行二次加强支护。为此,国内外许多学者开展了诸如开槽、钻孔、松动爆破等巷内卸压以及开卸压巷、开采解放层等巷外卸压技术的研究工作,取得了良好的卸压效果。但由于卸压尤其巷内卸压是对开挖卸荷后煤岩体的再次扰动与破坏,所以外界因素对卸压巷道特别是进入深部开采以后卸压巷道稳定的影响极为敏感。而以往深部巷道卸压机理的研究主要集中在如何"卸"的方面,卸压与围岩强度损伤的关系以及其对围岩稳定的影响规律还很少有报道。这导致目前深部巷道的卸压设计多是参考一些经验。冒顶、片帮事故时有发生,成为制约卸压技术在深部巷道被推广应用的关键原因。

本书结合徐矿集团张双楼矿的生产地质条件及巷道支护工程实践,开展深部巷道围岩钻孔卸压锚注支护协同控制技术的系统研究,在揭示深部巷道围岩强度衰减规律的基础上,研究卸压钻孔对深部巷道围岩稳定性的作用规律,提出卸压方位、时机及参数的确定方法。同时,基于对卸压后巷道围岩流变特征的分析,研究锚注支护技术对巷道流变控制规律,开发深部巷道围岩钻孔卸压锚注支护协同控制技术。这不仅可丰富深部巷道围岩控制理论,还为实现矿井安全高效生产提供了技术保障,具有重要的理论意义和实际应用价值。

1.2 国内外研究现状

国外从 20 世纪 80 年代开始对深部矿井开采问题展开相关研究。国际岩石力学学会于 1983 年在法国召开了主题为"深部岩石力学"的国际会议。与会专家主张对深部开采问题开展相应的专题研究。我国采矿专家在 20 世纪 90 年代初开始关注深部矿井开采问题。该问题相继被列为国家"九五""十五"规划的重点研究课题。国内学者取得了丰富的研究成果,推动了深部巷道控制理论的发展。

1.2.1 深部巷道围岩变形失稳机理的研究

20 世纪 50 年代以前,国内外学者主要采用弹性或弹塑性理论研究深部开采问题。随着对深部巷道围岩力学本质研究的加深,各国学者开始意识到深部岩体的流变特性,并将流变理论引入到岩体力学的研究中。20 世纪 70 年代末期,对于岩石(体)流变特征及流变地压的研究已非常活跃。考虑岩石(体)峰后应变软化及碎胀特征的弹塑性分析与流变分析仍是岩石力学方向的研究主流。学术界一般认为深部巷道主要经历两个变形阶段。第一阶段是巷道开挖后的初期变形阶段(围岩强度瞬时衰减阶段),以剧烈的弹塑性变形为主。第二阶段为巷道后期流变变形阶段(围岩强度长期衰减阶段),此阶段内巷道前期弹塑性变形大致结束,围岩变形表现出强烈的时间效应,随着时间的推移,围岩变形逐渐增大,此阶段以流变变形为主。

弹塑性分析法又称极限平衡分析方法,是基于摩尔-库伦屈服准则开发的。该方法主要将巷道简化为各向同性的轴对称平面应变模型,分析围岩在弹塑性"极限平衡"状态下围岩应力、应变及位移等问题。该模型最初将巷道视为理想弹塑性材料,认为围岩仅发生塑性破坏,而不产生破裂。但室内试验、数值模拟及现场原位测试均表明岩石峰后阶段具有明显的应变软化和体积膨胀特征。为了更全面揭示巷道围岩变形破坏的力学本质,国内外众多学者对理想弹塑性模型进行了修正,考虑了围岩的应变软化及扩容效应。具有代表性的有:威尔逊、布朗等在摩尔-库伦准则中引入了残余强度的计算;于学馥、刘夕才、付国斌等分别考虑了岩石破坏过程中的应变软化、残余变形、扩容变形等特性,对弹塑性解析解进行了修正。

在长期的岩体工程实践中,很多学者意识到岩体应力场、力学性质及变形破坏特征等随着时间的变化而逐渐变化,时间效应对工程岩体的动态特征及支护设计具有非常重要的意义,并开始注重于岩石(体)流变的研究。陈宗基等率先开展了流变学在岩土工程领域的研究,将岩石(体)的流变理论引入岩体力学,从理论上解答了围岩稳定性与时间的关系。随着研究的深入,许多学者通过室内试验或实际测量,采用按照岩石的弹性、塑性和黏滞性性质设定的一些基本原件(如牛顿黏性体 N、胡克弹性体 H、圣维南体 S 等),拟合深部岩体的流变性质,成为岩体流变的组合模型,并通过调整模型的参数和组合元件的数目,使模型的输出结果与试验结果相一致,给流变问题的解答开辟了新的路径。岩体流变的组合模型主要包括:麦克斯韦模型、广义开尔文模型、伯格斯模型、波因廷-汤姆森模型、西原模型等。这些组合模型的改进及应用使得解释深部岩体流变特性更为直观、简便,得到了广泛的推广应用。

国内外学者通过对深部巷道围岩弹塑性及流变变形的大量研究总结,认为深部巷道产生大变形的原因主要包括以下几点。

(1)深部高应力。深部高应力是导致巷道围岩变形破坏加剧的直接因素。开采深度增加,垂直及水平应力越来越大。例如,巷道埋深 1 000 m 时,仅由岩层重量引起的垂直应力就已超过 25 MPa,加上构造应力的叠加作用,巷道开挖后围岩产生的应力集中极易超过其极限强度,导致巷道掘进初期即表现出大变形现象。

(2)岩石力学行为的转变。在深部高应力作用下,巷道经历短暂的弹塑性变形后,围岩随即表现出明显的时间效应。有关研究表明:在高应力状态下,保持应力恒定,多数岩石(包括中等坚硬岩石)都会表现出流变特性;其变形量随时间推移不断增加;当岩体应力或应变超过一定极限后,岩石的力学行为由黏弹性向黏塑性转变,最终导致岩石加速破坏。

(3)强烈的开采扰动。开采扰动对深部巷道围岩稳定性的影响主要体现在两方面:一方面工作面或巷道开挖将导致邻近巷道围岩的应力集中;另一方面采场上覆顶板岩层断裂等动载现象将加速巷道围岩变形破坏。由于埋深的增加,巷道对各影响因素的敏感程度非常高,外界条件的改变极可能诱发巷道的灾变失稳。

1.2.2 深部巷道围岩控制理论与技术研究现状

深部巷道围岩稳定控制是保证深部煤炭资源安全高效开采的前提。由于深部煤岩体长期受到高地应力、高地温、高渗透压及强时间效应的影响,其组织结构、力学行为特征及工程响应均发生了根本性变化。巷道掘出后,深部煤岩体极易表现出非线性大变形特征。深部围岩稳定控制原理必然不同于传统浅部巷道的。深部巷道支护常允许围岩产生一定的塑性破坏,以释放部分积聚在围岩内部的弹性变形能。而维护巷道稳定的关键在于控制变形能的释放程度,即通过调控卸(让)压与支护的耦合作用关系达到控制围岩稳定的目的。因此,在浅部巷道中常采用的一些单一控制手段(如锚网喷、砌碹和金属支架等)应用于深部巷道后往往不能解决问题。

　　为解决深部巷道支护难题,国内外学者通过大量研究,提出了一系列的稳定控制理论。比较有代表性的有"能量支护理论""联合支护理论"和"应力控制理论"等。萨拉蒙于 20 世纪 70 年代提出了"能量支护理论",认为:支护与围岩存在能量的传递与交换,围岩在变形过程释放一部分能量,支护结构吸收一部分能量,总能量遵循守恒定律;主张利用支护结构控制围岩的能量释放。苏联煤矿科学院提出了巷道支护的能量原理,认为:巷道开挖引起的应力重分布、变形和破裂过程存在能量耗散;围岩总能量一部分用于岩体变形破裂,围岩总能量另一部分消耗于引起支护的受力与位移;当围岩释放能量与支护体储存能量达到平衡时,围岩与支护便处于稳定状态。基于能量守恒理论,谢和平等研究了岩石变形破坏过程中能量耗散和释放与岩石强度和整体破坏的内在联系,建立了基于能量耗散的强度丧失准则和基于可释放应变能的整体破坏准则,讨论了隧洞围岩发生整体破坏的临界条件,为现场工程的支护设计提供了理论基础。张宾川等建立了开挖岩体与支护能量关系模型,提出了以能量释放稳定临界点为合理支护时机,指导了深部软岩巷道的支护设计。高明仕等推导了在震源冲击扰动时巷道围岩的能量失稳准则,据此对冲击矿压巷道进行了防冲支护设计。王桂峰等通过分析锚网索支护的防冲机制,从支护构建柔性吸能和能量平衡角度,反求了巷道支护防冲能力及支护参数。单仁亮等通过建立让压锚杆能量本构模型,推导了锚杆支护设计参数的计算公式,指导了巷道锚杆支护设计。

　　与"能量支护理论"同期,奥地利工程师提出了"新奥法支护理论",认为:支护结构与围岩共同承担围岩压力,围岩为主要承载体;指出合理支护体系应充分发挥围岩自身承载能力。马勒全面论述了新奥法支护理论的基本思想和主要原则,并将其概括为 22 条,用于支护设计、施工、监测反馈等各项工作,形成了比较完整的理论体系。冯豫、陆家梁等在对新奥法支护理论深入研究的基础上提出了"联合支护理论",主张对深部大变形巷道的控制应遵循"先柔后刚、先让后抗、柔让适度、稳定支护"的原则,并由此发展起来了锚喷网索、锚喷网架、锚带网架、锚带喷架等联合支护技术。孙钧、郑雨天对联合支护理论的应用展开了进一步研究,提出了"锚喷-弧板支护理论",认为:支护不能总是强调释放压力,压力释放至一定程度后要采取刚性支撑,坚决限制和控制围岩变形。20 世纪 80 年代,苏联学者在总结工程经验的基础上提出了"应力控制理论",认为:巷道开挖卸荷将释放部分应力,同时向深部围岩转移部分应力,剩余的围岩应力将由支护结构承担;采用局部弱化手段调节围岩应力分布状态,改善巷道应力环境,能够有效提高围岩稳定性,由此开发了分阶段导巷掘进卸压、松动爆破卸压、开槽(缝)卸压及钻孔卸压技术,取得了良好的围岩控制效果。随着能量平衡、新奥法及应力控制等支护理论在工程实践中得到不断革新,深部巷道稳定控制理论得到了丰富的发展。例如,我国学者相继提出了"松动圈支护理论""主次承载区支护理论""围岩强度强化理论""高预应力强力支护理论""工程地质学支护理论""关键部位耦合支护理论"等,并开发了相应的围岩稳定控制技术,推动了深部巷道控制理论的发展。

总体来讲,对于深部高应力巷道,沿用浅部巷道控制理念及支护技术很难控制开挖后围岩大变形。无论是"能量支护理论""联合支护理论""应力控制理论",还是后期发展的诸多围岩控制理论,都讲究多种控制技术、支护工艺与围岩强度和刚度的耦合,同时又特别强调"适度"的概念。例如,对于"应力控制理论",卸压虽然在一定程度上具有释放和转移围岩高应力的作用,但是将对开挖卸荷后煤岩体产生二次损伤;若卸压程度过大,塑性区内围岩强度损伤程度过高,必将严重降低支护体承载能力及围岩结构稳定性,诱发巷道灾变失稳。再如,对于"联合支护理论",其控制围岩稳定的关键在于"柔让适度";一次让压支护允许巷道稳定塑性区的有控扩展,二次支护则应保证最大限度发挥稳定塑性区的承载能力,限制非稳定塑性区的大范围扩展;二次支护时机成为决定与评判"柔让适度"的重要指标。而在工程现场,由于真实揭示卸(让)压引起的围岩强度损伤规律与破裂区扩展规律相对比较困难,所以无法定量分析卸(让)压效果及评估围岩的稳定状态,"适度卸(让)压"多停留在定性分析阶段。这导致深部巷道支护工程中卸(让)压及支护参数的确定依靠经验类比的成分居多,不能提出科学、准确的围岩控制方案,无法取得满意的围岩控制效果。

1.2.3 深部巷道卸压理论与技术研究现状

卸压技术起源于苏联,后在德国、英国、波兰、美国、日本等国家深部矿井均有不同程度的应用和发展。例如,德国采矿专家研发了由钢套管和让压件组成的钢套管组合支架,以配合使用底板开槽等应力转移技术。波兰采矿专家在巷道支护时主要采用重型金属可缩性封闭支架,辅以钻孔、松动爆破等卸压技术改善巷道应力环境。苏联深部矿井工作人员采用有限让压装配式支架与松动爆破卸压等联合控制技术。我国在借鉴国外工程实践经验的基础上,卸压-支护技术也取得了较大的进步。例如,淮南矿务局在深部矿井支护中率先采用了"锚喷-弧板""锚喷-可缩性支架"等支护方法,并配合使用钻孔、开槽等应力转移技术,取得了较好的效果,成功解决了淮南地区矿井在复杂条件下巷道的支护难题。

各国学者对于卸压机理的普遍认识是:卸压从降低围岩应力的角度出发;通过一些人为的措施,在巷道内部或外部形成若干破坏区域,改变巷道所处应力环境,降低巷道附近原本较高的围岩应力,使巷道处于应力降低区,充分发挥围岩的自承能力,达到保持巷道稳定的目的。目前,国内外深部矿井常用的卸压技术概括起来主要包括巷内卸压和巷外卸压两种。其中,巷外卸压技术是通过掘进卸压巷或开采解放层等方法在巷道外部形成一定范围的卸压区,利用围岩应力重新分布的特点将巷道布置在应力降低区内,以达到有效改善巷道维护状况的一种技术措施。例如,美国基姆·瓦尔特公司、苏联罗文无烟煤联合公司主要采用掘进卸压巷的方法维护深部高应力巷道;中国阳泉、鹤壁、淮北、开滦等矿区采用开采解放层的方法改善巷道应力环境,均取得了较好的巷道维护效果。巷内卸压技术是针对高应力巷道开挖后围岩产生较大的膨胀变形,采用加强支护也难于维护其稳定的情况,通过在巷道内对围岩采取钻孔、松动爆破、切缝、开槽、掘导巷等措施,使巷道壁内围岩形成一定深度的弱化区,将围岩浅部的集中应力转移至较深处,从而达到控制围岩变形、保持巷道稳定的目的。巷内卸压的诸多方法的作用原理基本类似,只是其卸压工艺有所差别。相比于巷外卸压技术,巷内卸压技术具有工艺简单、施工方便、工程量小等优点。巷内卸压技术应用范围更为广泛。在经历多年改进与发展的基础上,该技术已成功应用于各国的生产实践,促进了深部巷道卸压理论的快速发展。例如,钻孔卸压技术成功应用于德国的索菲亚·雅可巴煤矿、比利时的贝莱恩煤矿等。松动爆破技术应用于苏联的基洛夫斯卡娅煤矿,我国的芦岭煤矿、朱仙台煤矿等。开槽、切缝技术在德国、苏联等许多深部矿井中进行了大量的工业性试验,取得了良好的围岩控制效果。

实践证明,巷内卸压技术是主动降低巷道围岩应力,防止巷道产生强烈变形的一种有效技术措施。与通常采用的增强支护强度的加固法相比,采用巷内卸压技术维护巷道可取得较好的技术经济效益。但由于巷内卸压技术的应用将对开挖卸荷后的煤岩体产生二次损伤,所以卸压后巷道围岩承载能力及结构稳定性均得到不同程度弱化。以往对卸压技术的研究主要集中在卸压方法层面,未重视卸压程度与围岩稳定以及支护结构的相互作用关系。这导致设计的卸压及支护参数的现场应用效果与理论设计出现较大偏差。例如,有关学者仅探讨了支护结构受力在卸压期间的动态响应特征,对于支护控制卸压效果及围岩稳定的耦合效应并未展开分析,导致后期支护参数设计偏大、巷道支护成本过高。目前,对于卸压程度与卸压效果的评估仅停留在定性分析层面,无法给出卸压技术适用条件及关键参数的确定方法,也就无法形成完整的卸压理论体系。上述问题的存在导致目前深部巷道常用的卸压技术设计多是参考一些经验,无法提供科学、准确的卸压方案与支护技术。这制约了巷内卸压技术在深部巷道支护工程中的推广应用。

1.2.4 深部巷道钻孔卸压技术的研究

钻孔卸压技术目前主要应用于冲击地压防治、高瓦斯煤层增透及高应力巷道应力转移工程中。虽然钻孔卸压技术在各类工程中的作用不尽相同,但是其在原理上存在较大的相似度。例如,对于冲击地压的防治,主要是通过在煤(岩)层中人为施工大孔径卸压钻孔;利用钻孔的变形破坏,释放聚集在煤(岩)体内部的弹性变形能,以消除或减缓冲击地压危险性。在高瓦斯煤层中,通过布置密集卸压钻孔增加煤体破碎程度,增加煤层的透气性,提高瓦斯抽采效率。对于高应力巷道,卸压钻孔可在围岩内部形成一个弱化区,释放部分应力的同时,将围岩周边高应力向深部稳定围岩中转移,改善巷道应力环境,并为围岩膨胀变形提供有效的补偿空间,达到减小巷道围岩变形的目的。

相比于其他巷内卸压技术(开槽、切缝、松动爆破等),钻孔卸压技术具有工艺简单、施工速度快等优点。在一些典型的高应力巷道(软岩巷道、动压巷道和深部巷道)中,钻孔卸压技术得到了广泛的推广应用。目前,对于钻孔卸压技术的代表性成果如下:刘红岗等采用 RFPA 软件模拟分析了卸压钻孔对深部高应力巷道稳定性的影响,指出:采用钻孔卸压和锚网联合支护技术可充分发挥锚网支护的柔性,释放围岩内的应变能,控制围岩变形。孟宪义、李树彬、勾攀峰等通过建立卸压钻孔参数与围岩膨胀变形的表达式,给出了卸压钻孔参数的初步确定依据,并采用 FLAC^{3D} 软件模拟分析了钻孔直径、长度等因素对围岩稳定性的作用规律。高明仕等将三维锚索引入煤层巷道支护工程,并辅以巷帮钻孔卸压技术,解决了松软厚煤层、特厚煤层沿底施工一次采全厚巷道支护难题。吴鑫等采用 3DEC 软件分析了不同卸压钻孔直径对深部高应力巷道卸压效果的影响。郑贺等采用 FLAC^{3D} 软件基于卸压钻孔直径、长度对深部高应力巷道围岩稳定性影响的分析,确定了钻孔卸压参数与主动支护参数。

虽然众多学者在钻孔卸压技术方面取得了一定的成果,但是该技术仍存在着以下不足:① 影响钻孔卸压效果的因素包括卸压钻孔方位、卸压时机以及卸压钻孔参数(直径、长度、间排距)等。以往的研究多集中在卸压钻孔直径、长度等常规参数的确定上,而对于卸压方位、卸压时机的研究未见报道,且研究过程中忽略了钻孔直径与间排距相互作用关系,且各参数的确定并没有形成完整的技术体系。② 以往的研究多是针对某些特殊条件下高应力巷道钻孔卸压效果进行的简单定性分析,获得的一些研究结论有待商榷。钻孔卸压技术在短期内对控制巷道围岩变形效果较为明显,但对需要较长时间维护的巷道并不适用。其主要原因是钻孔卸压技术在转移围岩应力的同时,弱化了围岩结构,加剧了巷道后期流变形,反而不利于巷道维护。因此,对于服务年限较长的大巷、上下山等巷道,研究钻孔卸压技术的同时,不应忽略对巷道二次支护技术的研究。

1.3　存在的问题

深部巷道往往在掘进初期就表现出强烈的碎胀扩容变形;之后受时间效应影响,围岩产生流变变形。掘进初期深部巷道的剧烈扩容变形及后期围岩的长时间的流变变形给深部巷道的维护带来了极大的困难。近年来,国内外学者通过对深部高应力巷道围岩控制理论与技术展开了大量的研究,形成了一次卸压、二次加强支护的联合支护理念。但是该技术仍存在一些不足。就钻孔卸压技术来讲,主要存在以下问题。

（1）对于深部巷道围岩强度衰减规律研究不足。采用理论计算和数值模拟方法对深部巷道围岩应力及位移求解时,均不应忽略围岩峰后阶段的应变软化特征。目前,虽然意识到岩石峰后强度参数是一个逐步劣化衰减的过程,但是研究多集中在室内加卸载试验方面。其试验结果拟合得到的函数关系很少应用到分析现场工程问题中去。研究缺少试验结果与现场工程中岩体参数的校验过程,常导致研究结果与实际情况不匹配。

（2）钻孔卸压技术体系不完善,缺乏卸压钻孔主要技术参数的确定原则。虽然目前对钻孔卸压技术的作用机理具有了统一的认识,但是在技术方法和技术参数的确定上缺少系统的研究。钻孔卸压效果往往受到卸压钻孔方位、卸压时机及卸压钻孔参数(直径、长度、间排距)等多因素的综合影响。目前研究主要集中于卸压钻孔直径、长度等常规参数的确定上。对于其他参数的确定依赖经验的成分居多,这严重影响了巷道的应力转移效果。

（3）缺乏对深部巷道卸压后围岩变形特征及稳定控制的研究。目前对于卸压技术与支护结构的相互作用关系及深部卸压巷道稳定控制技术的研究成果较少。深部巷道经历过掘巷初期弹塑性大变形后,支护结构受力将产生不同程度衰减,且卸压技术将对围岩结构及强度产生一定弱化,导致后期围岩流变严重。对于服务年限较长的巷道,应开展卸压后巷道围岩变形破坏特征及二次支护技术等方面的研究,以控制围岩的剧烈变形和长期流变。

1.4　主要研究内容及方法

本书以深部高应力巷道作为研究对象,结合徐矿集团张双楼矿－1 000 m西大巷的生产地质条件,在国内外研究的基础上,综合应用室内试验、理论计算、数值模拟及现场工业性试验等方法,系统研究深部巷道钻孔卸压机理与围岩稳定控制技术。其主要研究内容如下所述。

（1）深部巷道围岩峰后强度衰减模型

选取试验巷道围岩完整岩样进行室内加卸载试验，设计室内岩样加卸载路径，将岩样加载至峰后应变软化段各目标点后卸载，获取不同损伤程度的初始损伤岩样。采用多级围岩多次峰值屈服试验方法测定初始损伤岩样的力学参数，选择合适的损伤变量评判岩样的损伤程度。拟合得到初始损伤岩样力学参数与损伤变量的函数关系，建立深部巷道围岩强度衰减模型。

（2）FLAC³ᴰ软件应变软化模型二次开发

通过对塑性参数的替换推导后将模型嵌入数值计算软件，实现 FLAC³ᴰ 软件应变软化模型二次开发，以试验巷道实测获得的围岩位移、破坏范围、应力演化规律等条件作为已知特征值，反演岩体的数值计算模型参数。

（3）深部巷道钻孔卸压机理及关键参数确定方法

利用嵌入深部巷道围岩强度衰减模型的数值计算软件，系统研究卸压钻孔方位、卸压时机及卸压钻孔参数（直径、长度、间排距）对深部巷道围岩稳定性的作用规律，提出影响钻孔卸压效果的各因素的确定原则，完善钻孔卸压技术体系。

（4）卸压后巷道围岩稳定控制机理

分析不同钻孔卸压程度下巷道围岩流变特征，揭示深部钻孔卸压巷道围岩变形失稳机制。通过二次支护时机对巷道围岩流变控制效果的模拟分析，提出深部钻孔卸压巷道合理二次支护时机的确定原则。建立深部巷道围岩锚注支护的弹黏塑性理论模型和数值计算模型，分析二次锚注支护强度及范围对巷道围岩流变变形的控制效果，确定试验巷道合理的二次锚注支护强度及范围。

（5）深部巷道围岩钻孔卸压与锚注支护协同控制技术

研究卸压钻孔与巷道一次支护结构受力间的相互作用关系，提出合理的深部巷道一次支护技术，完善深部巷道围岩"卸压-支护"控制技术体系。基于理论计算及数值模拟确定的二次锚注支护强度及范围，提出合理的巷道注浆加固技术和二次锚杆（索）联合支护技术，并确定关键技术参数。

（6）现场工程实践

对提出的深部巷道围岩"卸压-支护"控制技术进行现场工业性试验。针对试验巷道具体生产地质条件，优化确定合理的支护参数。通过监测试验巷道采用新技术后的围岩表面位移、深部围岩位移、锚杆受力及围岩裂隙发育规律等，检验研究成果的合理性及可靠性。

根据上述研究内容及研究方法，确定研究技术路线，如图 1-2 所示。

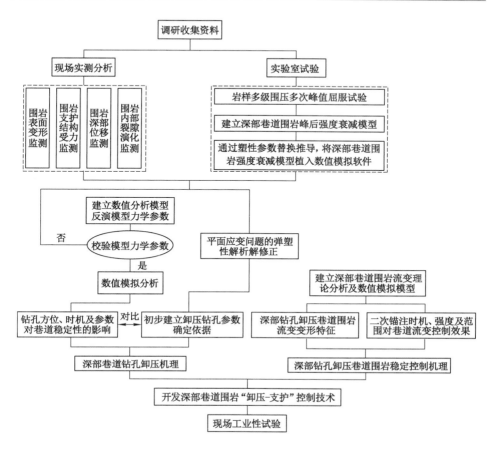

图 1-2 研究技术路线

2 深部巷道围岩强度衰减模型

一般认为,当应力大于岩体的极限强度后,岩体进入峰后承载阶段,变形的持续增加将引起岩石材料性能的劣化、衰减,即发生应变软化现象。相关研究表明,岩石的应变软化过程是一个非常复杂又极为重要的力学现象。现有的本构模型中很少考虑岩石峰后强度参数的逐步衰减过程,涉及岩石峰后问题时,一般将衰减过程简化成理想弹塑性或弹脆塑性曲线。杨峰认为峰后强度参数不衰减,至峰值后保持为常数。牛双建虽认识到强度衰减这一事实,但忽略了其发展过程,将峰后整个应变软化段的强度简化为残余强度。两人的观点均与实际情况偏差较大。

此外,一些学者在对轴对称平面应变问题求解时,将岩石的峰后应变软化问题做了线性简化,认为围岩峰后承载能力随应变的增加呈线性关系衰减,通过引入应变软化关系,使巷道围岩弹塑性解析更具一般意义,但同时也存在一些问题,如衰减曲线斜率的确定、峰后各阶段岩石力学参数的选取等。近年来,随着计算机技术的发展,涌现了大量岩土方面的数值模拟软件,并内置了多种本构模型。例如,经典摩尔-库伦本构模型的主要原理为:将岩石峰后问题简化为了理想弹塑性状态,经过后期改进,衍生出了应变软化模型。这给岩土工程带来了新的分析路径。采用应变软化模型分析工程问题时,其主要问题依然在于峰后软化参数的选取上,往往采用的应变软化模型经过多次校验仍难以取得满意的结果,主要是因为缺乏足够的试验研究结果作为支撑,参数选取随意性太大,进而无法反映出岩石不同应力环境下的真实的力学行为。

为揭示岩石真实的峰后力学参数的衰减过程,本章重点展开对岩石峰后强度衰减规律的室内试验研究。基于深部巷道开挖后围岩应力演化规律,设计室内岩样加卸载路径,将岩样加载至峰后应变软化段的各目标点卸载,获取不同程度的损伤岩样;采用多级围压多次峰值屈服试验方法测定初始损伤岩样的力学参数;选取岩样塑性剪切应变评判岩样的损伤程度,拟合得到初始损伤岩样力学参数与损伤变量的函数关系;建立深部巷道围岩强度衰减模型,并通过对塑性参数的替换推导后将模型嵌入数值计算软件,以试验巷道实测获得的围岩位移、破坏范围、应力演化规律等条件作为已知特征值,校验模型合理性及反演岩体参数。

2.1　室内岩样加卸载路径

地下工程开挖引起的围岩失稳往往是由于开挖卸荷引起某些方向的地应力释放和应力边界条件的改变,从而引起围岩由局部破坏到整体失稳。卸载与加载过程中的应力路径不同,由此引起的岩体强度、变形和破坏机制也不尽相同。实际工程中巷道围岩开挖卸荷过程是一个由三向受力状态向二向受理状态转化的过程,围岩破坏前应力状态往往复杂多变。而实验室测定的岩样三轴强度通常是在围压恒定、轴向变形逐步增加的过程中得到,加卸载应力路径设计无法完全反映巷道开挖后围压卸荷与加载的真实过程(即忽略了应力路径对岩样强度与变形特性的影响),岩样应力-应变曲线和强度准则均为理想状态下获得的且不具有普遍性。

牛双建等结合巷道开挖过程中围岩真实的加卸载路径,设计了室内岩样加卸载路径。其目的是获取真实加卸载路径下岩样强度衰减规律,其室内试验主要包括岩样基础力学参数测定、初始损伤岩样获取和初始损伤岩样力学参数测定三个步骤。本书室内试验参考上述试验思路。设计试验步骤如下所述。

(1)岩样基本力学参数测定

分别对试验岩样采用单轴压缩试验和常规三轴压缩试验的方法测定其基础力学参数。其目的是将试验数据作为参照,对设计加卸载路径中的各控制点的限定参数进行控制,为后续岩样的加卸载试验提供基础数据。

(2)初始损伤岩样获取

图 2-1 给出了获取初始损伤岩样的应力加卸载路径,共包括四个阶段。

① OA 段:采用应力控制模式,以 0.05 MPa/s 的速率施加围压至 A 点,设计 A 点应力值为 $\sigma_1 = \sigma_3 = 25$ MPa,相当于巷道埋深 1 000 m 时的静水压力状态。

② AB 段:巷道围岩往往不能处于静水压力的理想状态,围岩一般存在一个最大主应力,为真实反映巷道围岩受力状态,保持 σ_3 恒定的同时,采用位移控制模式,将 σ_1 缓慢加载至 B 点,加载速率取 0.002 mm/s。B 点为岩样破坏前的某一应力状态,具体试验时取轴向应力为相应围压(25 MPa)下岩样峰值强度的 $70\% \sim 80\%$,且 σ_1 应大于岩样单轴峰值强度。本次试验取 B 点应力值为25 MPa 围压下岩样峰值强度的 80%。

③ BC 段:道道开挖后,围岩表面的径向应力瞬间解除,围岩受力状态由三向受力状态转化为二向受力状态,伴随着应力的调整过程,巷道围岩环向应力逐渐升高;当环向应力大于该应力状态下围岩峰值强度时,围岩产生破坏。室内试

验的具体实现过程为继续增加 σ_1 的同时以一定速率逐步卸除 σ_3，使岩样的应力-应变曲线出现峰值点，之后继续卸除 σ_3，并缓慢加载 σ_1（加载速率为 0.000 5 mm/s），使主应力差曲线进入峰后状态。选取主应力差峰后曲线具有代表性的几个应力状态（初步定为 9 个状态：10%～90%）表征岩样不同的损伤程度。当主应力差达到目标应力值（C 点）时，停止加载 σ_1，并对该点处的 σ_3 采取应力保持。

④ CO 段：主应力差曲线到达目标应力点 C 后，初始损伤岩样获取成功。为避免试验岩样的继续破坏，对岩样应力应及时进行卸载。卸载时，采用 σ_1 和 σ_3 交替卸载模式，首先采用位移控制模式按一定速率逐步卸载 σ_1，之后按一定速率逐步卸载 σ_3，以此交替，直至其完全卸载。

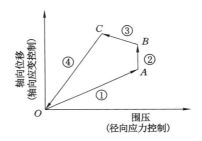

图 2-1　初始损伤岩样应力加卸载路径

（3）初始损伤岩样力学参数测定

常规三轴试验方法在一级围压下最终只能获得一个峰值强度（即绘制一个应力圆），而要获得一条包络线，为求出岩石的内聚力 c 和内摩擦角 φ，则必须试验若干组岩样。若岩样本身离散性大，其试验结果常出现较大偏差，甚至出现反常现象，导致数据后处理难度极大。为解决上述问题，国际岩石力学学会室内和现场试验委员会于 1983 年颁布了《测定岩石三轴压缩强度建议方法》。该文件提出了三类不同的试验方法：单个破坏状态试验、多级破坏状态试验以及连续破坏状态试验。其中，第一类是上述的常规三轴试验方法；第二类、第三类试验方法都是采用一块岩样测定岩石的强度指标（c 值和 φ 值），又称之为单试件法或单块法。相比于常规方法，单块法具有缩短试验周期、提高试验效率、避免成果分散、易于分析与应用等优点，在试验研究中得到了普遍的应用，并获得了广泛认可。

连续破坏状态试验方法对于如何维持岩样连续破坏状态的技术仍存在一些问题，且对于试验设备性能、操作人员技能等方面要求较高。因此，在研究深部巷道围岩强度衰减规律时，采用多级破坏状态试验方法，即对第二步获取的初始损伤岩样采用单一岩样多级围压多次峰值屈服破坏试验方法测定岩样强度参数。

初始损伤岩样力学参数测定加载路径如图 2-2 所示。测试初始损伤岩样力学参数时，围压共分 5 级，分别为 5 MPa、10 MPa、15 MPa、20 MPa 和 25 MPa。其具体试验步骤如下：采用应力控制模式，以 0.05 MPa/s 的速率施加围压至 D 点，设计 D 点应力值为 $\sigma_1 = \sigma_3 = 5$ MPa，恒定 σ_3，采用位移控制模式（加载速率为 0.002 mm/s）缓慢增加 σ_1 至峰值转折点（P_1）后，立即转换加载模式，保持轴向位移，采用应力控制模式迅速增加 σ_3 至下一级围压 10 MPa，速率为 1 MPa/s，再次恒定 σ_3，采用位移控制模式（加载速率为 0.002 mm/s）缓慢增加 σ_1 至峰值转折点（P_2）后轴向位移保持，重复上述步骤完成 15 MPa、20 MPa 和 25 MPa（即 P_3、P_4、P_5）三级围压的加载过程，加载最后一级围压 25 MPa 时，采用轴向位移加载模式将岩样加载至峰后完全破坏状态，最终获得初始损伤岩样多级围压多次峰值全应力-应变曲线。

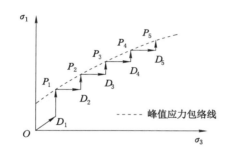

图 2-2　初始损伤岩样力学参数测定加载路径

2.2　实验室岩样加卸载试验

2.2.1　岩样制备与试验设备

试验岩样取自张双楼矿－1 000 m 西大巷。巷道掘进时，采用取芯钻对围岩取芯。选取岩性均匀、结构完整性好的钻芯进行室内岩样加工，测定岩样直径、高度等参数。选择符合试验标准的岩样进行编号。

岩样基本参数及测试方案如表 2-1 所示。

MTS815 电液伺服岩石力学试验系统如图 2-3 所示。

表 2-1 岩样基本参数及测试方案

序号	岩性	编号	直径/mm	高度/mm	测试方案
1	砂泥岩	D_1	49.74	102.18	单轴压缩试验
2	砂泥岩	D_2	49.80	99.22	单轴压缩试验
3	砂泥岩	S_1	50.00	96.64	常规三轴压缩试验，$\sigma_3=5$ MPa
4	砂泥岩	S_2	50.02	100.04	常规三轴压缩试验，$\sigma_3=15$ MPa
5	砂泥岩	S_3	49.80	101.18	常规三轴压缩试验，$\sigma_3=25$ MPa
6	砂泥岩	J_1	49.84	100.20	峰后 90% 卸载
7	砂泥岩	J_2	49.90	100.42	峰后 80% 卸载
8	砂泥岩	J_3	50.12	103.24	峰后 70% 卸载
9	砂泥岩	J_4	49.86	102.64	峰后 60% 卸载
10	砂泥岩	J_5	50.04	100.26	峰后 50% 卸载
11	砂泥岩	J_6	50.08	101.30	峰后 40% 卸载
12	砂泥岩	J_7	50.06	100.06	峰后 30% 卸载
13	砂泥岩	J_8	50.00	96.58	峰后 20% 卸载
14	砂泥岩	J_9	50.00	101.14	峰后 10% 卸载

图 2-3 MTS815 电液伺服岩石力学试验系统

2.2.2 岩样基本力学参数测定

2.2.2.1 单轴压缩试验

单轴压缩试验：设计 2 块岩样（见表 2-1），编号为 D_1、D_2；采用位移加载模式加载，加载速率为 0.002 mm/s；参数采集频率为 0.5 s。岩样单轴压缩试验结果如图 2-4 所示。岩样力学性质参数测定结果如表 2-2 所示。

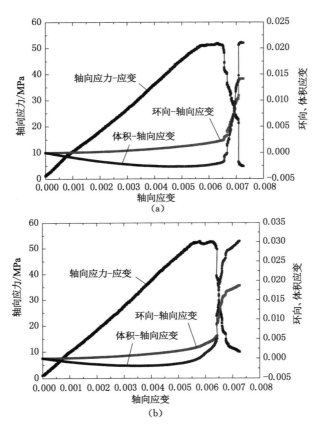

图 2-4　岩样单轴压缩试验结果

（a）D_1 岩样；（b）D_2 岩样

表 2-2　　　　　　　　单轴压缩试验岩样力学性质参数测定结果

类别		岩样编号		平均
		D_1	D_2	
峰值强度/MPa		51.86	52.68	52.27
残余强度/MPa		5.22	9.92	7.57
割线模量/MPa		8 845.64	9 097.31	8 971.48
泊松比		0.123 9	0.185 6	0.162 3
峰值点应变	轴向应变	0.006 310	0.005 796	0.006 053
	环向应变	0.002 075	0.002 930	0.002 503

表 2-2(续)

类别		岩样编号		平均
		D_1	D_2	
残余阶段应变	轴向应变	0.007 176	0.007 252	0.007 214
	环向应变	0.014 062	0.018 685	0.016 374

由图 2-4 和表 2-2 可知,岩样单轴压缩试验结果分析如下所述。

(1) D_1、D_2 岩样峰值强度大致相等,分别为 51.86 MPa 和 52.68 MPa;同时,D_1、D_2 岩样的割线模量、峰值点轴向应变以及残余阶段轴向应变均大致相同,其平均值分别为 8 971.48 MPa、0.006 053 MPa、0.007 214 MPa。

(2) D_1、D_2 岩样的全应力-应变曲线有所差异——D_2 岩样峰值前应力出现小幅跌落;D_1、D_2 岩样峰后应力跌落位置与跌落幅度均存在差异;D_1、D_2 岩样残余强度相差较大,分别为 5.22 MPa 和 9.92 MPa,这主要由岩样结构性的差异所致。

2.2.2.2 常规三轴压缩试验

常规三轴压缩试验:设计 3 块岩样(见表 2-1),编号为 S_1、S_2 和 S_3,对应围压 5 MPa、15 MPa 和 25 MPa。其具体试验步骤为:采用应力加载模式(加载速率为 0.05 MPa/s)施加围压至设计目标值,转换加载模式,采用位移加载模式(加载速率为 0.002 mm/s)轴向加载,直至岩样进入残余承载阶段。岩样常规三轴试验结果如图 2-5 所示。常规三轴试验岩样力学性质参数测定结果如表 2-3 所示。

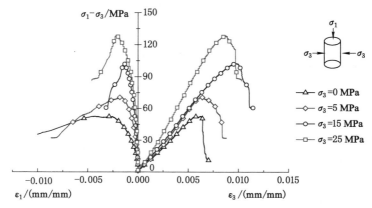

图 2-5 岩样常规三轴试验结果

表 2-3　　　　　　　常规三轴压缩试验岩样力学性质参数测定结果

类别		岩样编号		
		S_1	S_2	S_3
峰值强度/MPa		70.79	102.62	128.50
残余强度/MPa		32.25	60.67	87.48
割线模量/MPa		10 691.73	11 767.12	15 664.23
泊松比		0.087 8	0.068 7	0.073 2
峰值点应变	轴向应变	0.006 364	0.009 730	0.008 737
	环向应变	0.001 780	0.001 387	0.002 195
残余阶段应变	轴向应变	0.008 614	0.011 446	0.010 261
	环向应变	0.008 368	0.003 115	0.004 515

由图 2-5 和表 2-3 可知,岩样三轴压缩试验结果分析如下所述。

(1) 随着围压增加,岩样峰值强度、残余强度及割线模量均逐渐增加。图 2-6 给出了 0 MPa、5 MPa、15 MPa 及 25 MPa 四个围压等级下岩样峰值强度及残余强度的拟合曲线。由图 2-6 可知,岩样峰值强度、残余强度与围压均较高程度符合正线性关系。其回归方程式如下:

峰值强度满足

$$\sigma_1 = 4.080\ 2\sigma_3 + 53.568(R^2 = 0.997\ 5) \tag{2-1}$$

残余强度满足

$$\sigma_1^* = 4.188\ 2\sigma_3 + 10.414(R^2 = 0.991) \tag{2-2}$$

式中,σ_1、σ_1^* 分别为岩样峰值强度与残余强度,MPa;σ_3 为围压,MPa。

根据摩尔-库伦强度准则,主应力 σ_1 和 σ_3 存在以下关系:

$$\sigma_1 = A\sigma_3 + B \tag{2-3}$$

式中,A、B 分别为强度准则参数。其计算式如下:

$$A = \frac{1 + \sin\varphi}{1 - \sin\varphi} = \tan^2\left(\frac{\pi}{4} + \frac{\varphi}{2}\right) \tag{2-4}$$

$$B = \frac{2c\cos\varphi}{1 - \sin\varphi} \tag{2-5}$$

式中,c 为岩样内聚力,MPa;φ 为岩样内摩擦角,(°)。

由式(2-1)至式(2-5)计算得到岩样峰值阶段和残余阶段的力学参数,如表 2-4 所示。

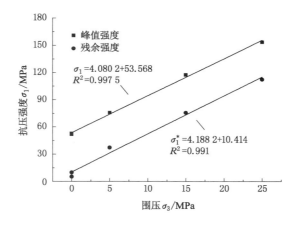

图 2-6　岩样峰值强度、残余强度与围压关系

表 2-4　　　　　　　　不同阶段岩样力学参数

阶段	内聚力/MPa	内摩擦角/(°)
峰值阶段	13.259 7	37.324
残余阶段	2.966 9	37.652

（2）常规三轴压缩试验变时，岩样峰值点的轴向应变均大于单轴压缩试验的，且存在着围压增加、轴向应变变大的整体变化趋势；相反，常规三轴压缩试验时岩样环向应变则均略小于单轴压缩试验时的。进入残余阶段时，常规三轴压缩试验岩样的轴向应变均略大于单轴压缩试验岩样的平均轴向应变，而其环向应变则成倍小于后者。

（3）常规三轴压缩试验岩样的破坏模式主要以剪切破坏为主，如图 2-7 所示。常规三轴压缩试验岩样主破裂面与水平方向的夹角（岩样剪切破断角）随着围压的增加而逐渐减小。5 MPa、15 MPa、25 MPa 三级围压下，常规三轴压缩试验岩样剪切破断角分别为 81.0°、68.9°、60.3°。这表明随着围压的增加，岩样主破坏方式由纵向劈裂破坏向剪切破坏转化。

2.2.3　初始损伤岩样获取

2.2.3.1　试验方案与结果

如图 2-1 和表 2-1 所示，获取初始损伤岩样时，在一定围压（25 MPa）下，将岩样加载至目标卸围压点（B 点，相应围压下岩样峰值强度的 70%～80%）后，逐步卸除围压，同时加载轴压，将岩样加载至全应力-应变曲线的峰后应变软化段的各

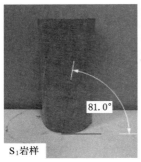

图 2-7　常规三轴试验岩样破坏模式

目标点后,卸载。设计岩样加卸载试验 9 组,分别对应主应力差峰值 10%～90% 的 9 个状态。由表 2-3 可知,围压 25 MPa 下试验岩样的常规三轴轴向应力峰值强度约为 128.5 MPa,由此确定卸围压点 B 的轴向应力取值范围应在 89.95～102.8 MPa 之间。为此,确定卸围压点 B 的轴向应力取值为 102.8 MPa(80%)。

　　受岩样峰后变形不稳定性及试验设备延迟性的制约,试验过程中实际卸载点与设计卸载点的应力必然存在一定的误差。试验结束后,测算实际卸载点应力与峰值应力的比值,检验试验结果的合理性。岩样峰前卸围压试验结果如图 2-8 所示。峰前卸围压试验岩样力学性质参数测定结果如表 2-5 所示。

2.2.3.2　试验结果分析

　　如图 2-8 和表 2-5 所示,以加卸载路径中卸围压点、峰值点及卸载点作为特征点,总结不同阶段岩样强度及变形参数具有以下规律。

　　(1) 卸围压点

　　卸围压点的实测轴向应力为 101.66～105.88 MPa,对应常规三轴压缩试验轴向应力峰值强度的 79.11%～82.4%,与设计卸围压点的轴向应力(102.8 MPa)的误差仅为−1.11%～+3%,表明峰前卸围压试验操作性与可信度较高。卸围压点的轴向应变相差不大,其实测值变化范围为 0.005 657～0.007 182。卸围压点的环向应变差异较为明显,其实测值变化范围为 0.000 832～0.001 832。

　　(2) 峰值点

　　岩样轴向应力峰前卸围压试验测得峰值强度均小于相应围压(25 MPa)条件下常规三轴压缩试验测得强度(128.5 MPa),实测峰值处于 106.27～114.22 MPa 范围内,平均峰值强度为 109.47 MPa,变化范围较小,表明试验所选取岩样离散性小、均质性好、代表性强。峰前卸围压试验岩样峰值点轴向应变处于 0.006 524～0.008 037 范围内,大于单轴压缩试验岩样平均轴向应变,小于相应围压下常规三轴压缩试验岩样的轴向应变;相比于前期卸围压点,其轴向应变存在小幅增加,其

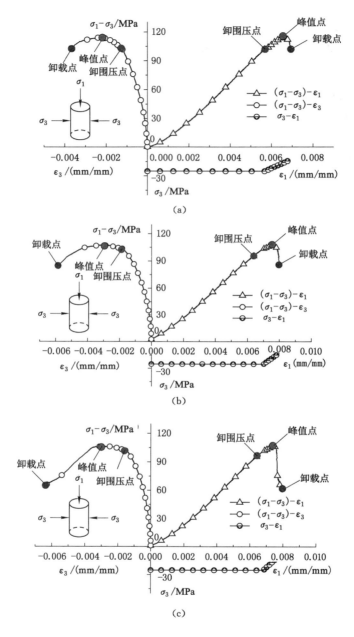

图 2-8　岩样峰前卸围压试验结果

（a）J$_1$岩样；（b）J$_2$岩样；（c）J$_3$岩样

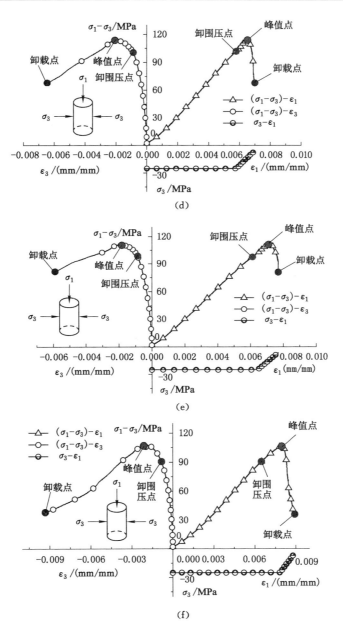

续图 2-8 岩样峰前卸围压试验结果

(d) J_4岩样;(e) J_5岩样;(f) J_6岩样

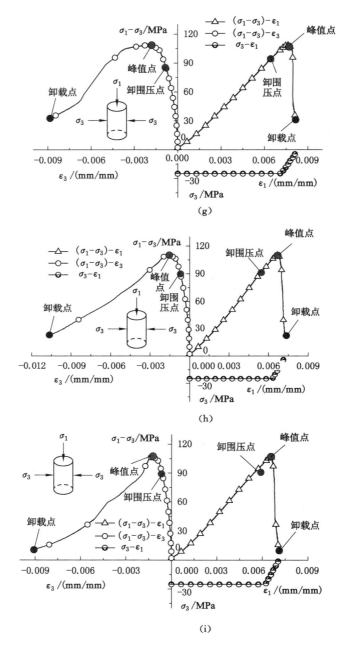

续图 2-8　岩样峰前卸围压试验结果

(g) J_7岩样；(h) J_8岩样；(i) J_9岩样

表2-5 峰前卸围压试验岩样力学性质参数测定结果

阶段	类别	岩样编号								
		J_1	J_2	J_3	J_4	J_5	J_6	J_7	J_8	J_9
卸围压点	轴向应力/MPa	101.66	103.71	102.19	101.69	101.93	105.85	104.55	105.88	102.25
	设计与峰值比值	80%	80%	80%	80%	80%	80%	80%	80%	80%
	实际与峰值比值	79.11%	80.71%	79.53%	79.14%	79.32%	82.37%	81.36%	82.40%	79.57%
	围压/MPa	25	25	25	25	25	25	25	25	25
	轴向应变	0.005 657	0.007 020	0.006 432	0.005 765	0.006 817	0.007 011	0.007 182	0.006 293	0.006 188
	环向应变	0.001 204	0.001 832	0.000 943	0.000 887	0.001 459	0.001 578	0.001 290	0.001 014	0.000 832
峰值点	轴向应力/MPa	114.22	107.38	111.12	113.79	106.53	106.27	108.56	110.67	106.69
	围压/MPa	16.65	18.55	14.33	13.05	16.22	20.98	17.01	14.75	15.20
	轴向应变	0.006 574	0.007 514	0.007 145	0.006 524	0.007 382	0.008 037	0.007 547	0.006 699	0.006 553
	环向应变	0.002 254	0.002 986	0.001 843	0.001 998	0.002 612	0.002 201	0.001 986	0.001 682	0.001 326
卸载点	轴向应力/MPa	103.34	86.01	81.96	67.91	56.28	38.07	32.72	22.05	10.59
	设计与峰值比值	90%	80%	70%	60%	50%	40%	30%	20%	10%
	实际与峰值比值	90.47%	80.1%	73.76%	59.68%	52.83%	35.82%	30.14%	19.92%	9.93%
	围压/MPa	13.47	13.11	6.49	6.46	9.07	4.74	3.79	1.59	0.33
	轴向应变	0.006 889	0.007 975	0.007 688	0.006 947	0.007 844	0.008 843	0.008 156	0.007 215	0.007 080
	环向应变	0.003 660	0.005 804	0.005 807	0.006 391	0.006 343	0.009 322	0.008 900	0.010 680	0.009 147

环向应变增加幅度稍大于轴向应变增加幅度。

（3）卸载点

岩样卸载点实测轴向应力分别为 103.34 MPa、86.01 MPa、81.96 MPa、67.91 MPa、56.28 MPa、38.07 MPa、32.72 MPa、22.05 MPa 和 10.59 MPa，分别对应 25 MPa 围压条件下常规三轴压缩试验岩样轴向应力峰值（128.5 MPa）的 90.47%、80.1%、73.76%、59.68%、52.83%、35.82%、30.14%、19.92% 和 9.93%。若以岩样实际卸载点的主应力差与主应力差峰值的跌落比值定义应力损伤因子，则损伤因子越大，岩样损伤程度越高。岩样卸载点对应的围压呈线性减小趋势，由 13.47 MPa 依次减小至 0.33 MPa。与卸围压点和峰值点类似，卸载点岩样的轴向应变波动不大，相比于峰值点岩样的轴向应变略微有所增加；而卸载点岩样的环向应变则变化较大，且随着岩样损伤程度增加，其环向应变逐渐增加。

2.2.4 初始损伤岩样力学参数测定

2.2.4.1 测定结果

初始损伤岩样获取后，启动下一组试验程序，采用多级围压多次峰值屈服试验方法测定初始损伤岩样的力学参数。测试围压取 5 MPa、10 MPa、15 MPa、20 MPa 和 25 MPa 五级。初始损伤岩样多级围压多次峰值屈服试验结果如图 2-9 所示。多级围压多次峰值屈服试验初始损伤岩样力学性质参数测定结果如表 2-6 所示。

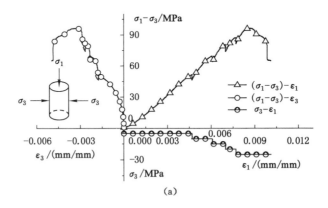

图 2-9　初始损伤岩样多级围压多次峰值屈服试验结果

（a）J_1 岩样

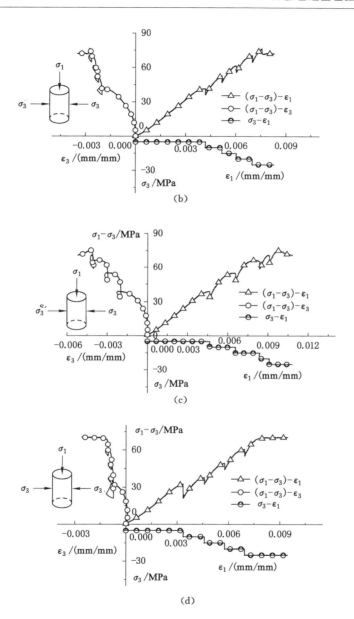

续图 2-9　初始损伤岩样多级围压多次峰值屈服试验结果

(b) J_2岩样;(c) J_3岩样;(d) J_4岩样

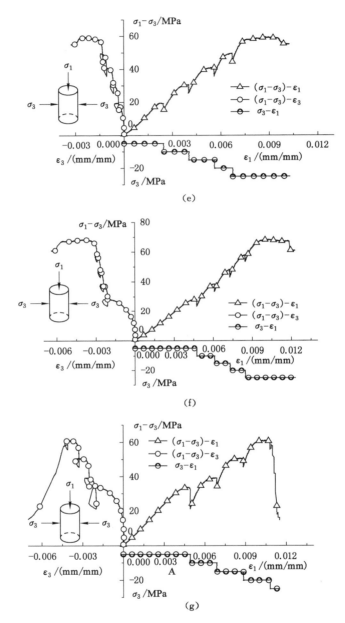

续图 2-9 初始损伤岩样多级围压多次峰值屈服试验结果

(e) J_5岩样；(f) J_6岩样；(g) J_7岩样

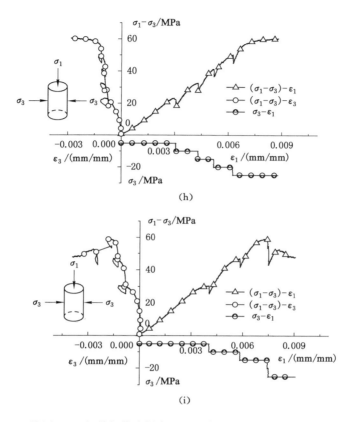

续图 2-9　初始损伤岩样多级围压多次峰值屈服试验结果

(h) J$_8$岩样；(i) J$_9$岩样

表 2-6　多级围压多次峰值屈服试验初始损伤岩样力学性质参数测定结果

岩样	实际峰后卸载点	围压/MPa	峰值强度/MPa	相对完整岩样衰减程度	峰值点应变	
					轴向应变	环向应变
J$_1$	90.47%	5	51.70	26.97%	0.004 683	0.001 905
		10	69.66	—	0.006 072	0.002 384
		15	80.75	21.31%	0.006 978	0.002 658
		20	87.44	—	0.007 687	0.002 885
		25	96.45	24.94%	0.008 610	0.003 234

表 2-6(续)

岩样	实际峰后卸载点	围压/MPa	峰值强度/MPa	相对完整岩样衰减程度	峰值点应变	
					轴向应变	环向应变
J₂	80.1%	5	41.70	41.09%	0.004 161	0.002 181
		10	52.99	—	0.005 193	0.002 420
		15	61.62	39.95%	0.005 985	0.002 491
		20	70.45	—	0.006 987	0.002 792
		25	76.51	40.46%	0.007 562	0.002 754
J₃	73.76%	5	38.81	45.18%	0.004 636	0.002 209
		10	54.96	—	0.006 465	0.002 978
		15	66.57	35.13%	0.008 007	0.003 687
		20	71.26	—	0.009 041	0.004 168
		25	75.54	41.21%	0.009 774	0.004 238
J₄	59.68%	5	32.47	54.13%	0.003 324	0.000 844
		10	37.80	—	0.004 579	0.001 011
		15	49.34	51.92%	0.005 764	0.001 028
		20	60.56	—	0.006 933	0.001 186
		25	70.53	45.11%	0.009 448	0.002 590
J₅	52.83%	5	19.40	72.59%	0.002 344	0.000 492
		10	30.70	—	0.004 012	0.000 821
		15	41.21	59.84%	0.005 528	0.001 157
		20	49.65	—	0.006 706	0.001 427
		25	59.45	53.74%	0.008 795	0.002 230
J₆	35.82%	5	28.26	60.08%	0.004 423	0.001 903
		10	38.51	—	0.006 075	0.002 619
		15	48.37	52.54%	0.007 248	0.002 786
		20	58.01	—	0.008 430	0.003 023
		25	68.44	46.74%	0.010 170	0.003 892
J₇	30.14%	5	33.95	52.04%	0.004 673	0.001 911
		10	39.32	—	0.006 821	0.002 778
		15	50.76	50.53%	0.008 565	0.003 222
		20	61.17	—	0.010 803	0.004 250
		25	—	—	—	—

表 2-6(续)

岩样	实际峰后卸载点	围压/MPa	峰值强度/MPa	相对完整岩样衰减程度	峰值点应变	
					轴向应变	环向应变
J₈	19.92%	5	23.16	67.28%	0.002 966	0.000 937
		10	32.58	—	0.004 294	0.001 149
		15	41.29	59.76%	0.005 185	0.001 093
		20	50.19	—	0.006 252	0.001 266
		25	60.50	52.92%	0.008 659	0.002 685
J₉	9.93%	5	30.49	56.93%	0.004 023	0.001 198
		10	46.96	—	0.005 833	0.001 526
		15	59.03	42.48%	0.007 363	0.001 780
		20	—	—	—	—
		25	52.60	51.07%	0.008 126	0.002 709

2.2.4.2 试验结果分析

(1) 应力-应变曲线特征分析

由图 2-9 和表 2-6 可知,初始损伤岩样应力-应变曲线具有以下特征。

① 除岩样 J₇ 和 J₉ 外,其余岩样应力-应变曲线中每级围压均对应一个峰值点;J₇、J₉ 岩样分别在 25 MPa 和 20 MPa 时未出现峰值点,其原因在于 J₇、J₉ 岩样设计目标卸载点应力值过小,岩样内部损伤程度较高,多级围压多次峰值压缩试验时,峰值阶段加载时间过长,导致岩样内部次生裂隙的产生和扩展,岩样基本完全失去了承载能力。对于 J₇、J₉ 岩样分别取 20 MPa 和 15 MPa 围压下对应岩样的峰值强度代表岩样的峰值强度。

② 岩样应力-应变曲线中每级围压对应的峰值点后均存在一个主应力差跌落过程,其原因在于设计计算机加卸载程序时,每级围压对应的峰值点出现后,加载模式立即由位移加载模式转变为位移保持模式(其目的是避免位移的继续加载加剧岩样变形破坏);同时,岩样的环向应变在相应围压峰值点出现之前均存在一个应变硬化段,即岩样的环向应变随着轴向应变的增加而增加;相应围压下峰值点出现以后,加载模式立即转变为位移保持模式,此时,随着下一级围压的施加,岩样环向应变出现小幅跌落,主要表现为损伤岩样裂隙压密及闭合的过程。

③ 相比于常规三轴压缩试验,多级围压多次峰值压缩试验各级围压对应的峰值强度均有不同程度的衰减。其具体表现为:(a) 同一初始损伤岩样随着围

压的增加,峰值强度的衰减幅度逐渐减小,如岩样 J_6 在 5 MPa、15 MPa、25 MPa 三级围压下峰值强度相比于常规三轴压缩试验的,分别衰减 60.08%、52.54%、46.74%;(b) 随着岩样损伤程度的增大,各级围压对应的峰值强度衰减幅度逐渐增大,如岩样在 25 MPa 围压下,相比于常规三轴压缩试验,峰值衰减程度由 25% 增加至 50%。

④ 岩样各峰值点对应的轴向应变、环向应变整体表现出随围压的增加而增加的趋势;不同岩样相同围压下的轴向应变量值和增加幅度相差不大,而其环向应变相差较大。除岩样 J_4 和 J_8 以外,其余岩样最后一级围压施加后,随着轴向位移的增加,岩样应力-应变曲线出现峰值点;继续增加位移,岩样应力-应变曲线出现明显的应变软化段和残余强度段,岩样的环向位移急剧增加,其岩样环向位移增幅远大于其余几个围压状态的。

(2) 初始损伤岩样力学参数分析

初始损伤岩样峰值强度与围压的关系如图 2-10 所示。分别对不同围压下岩样峰值强度按式(2-3)进行线性拟合,其拟合结果如图 2-10 所示。并且并按式(2-4)和式(2-5)计算初始损伤岩样的内聚力 c 和内摩擦角 φ,其计算结果如表 2-7 所示。

表 2-7   **初始损伤岩样力学参数计算结果**

岩样编号	应力损伤因子	A	B	R^2	c	φ
完整岩样	0	4.080 2	53.568	0.997 5	13.259 7	37.314
J_1	0.095 3	3.302 9	47.267	0.982 4	13.004 1	32.357
J_2	0.199 0	3.103 8	36.223	0.992 1	10.28	30.84
J_3	0.262 4	2.955 2	32.1	0.966 8	9.336 4	29.626
J_4	0.403 2	2.777 6	26.276	0.988 2	7.883 1	28.071
J_5	0.471 7	2.481	20.867	0.994 9	6.624	25.179
J_6	0.641 8	2.657 3	21.24	0.995 3	6.294 3	26.946
J_7	0.698 6	2.718 9	21.876	0.991 4	6.481 6	27.53
J_8	0.800 8	2.605 8	19.475	0.997 3	6.024 4	26.445
J_9	0.900 7	2.654	20.287	0.999 9	5.710 4	26.914

由图 2-10 和表 2-7 可知,随着岩样损伤程度的增加,强度准则参数 A 和 B 逐渐减小;初始损伤岩样的内聚力 c、内摩擦角 φ 随应力损伤因子增加近似负指

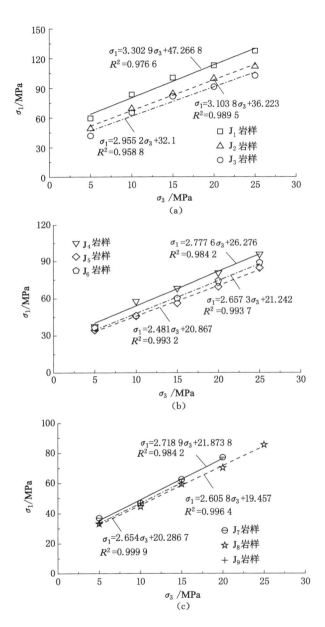

图 2-10 初始损伤岩样峰值强度与围压拟合曲线

(a) $J_1 \sim J_3$ 岩样;(b) $J_4 \sim J_6$ 岩样;(c) $J_7 \sim J_9$ 岩样

数衰减,如图 2-11 所示。初始损伤岩样力学参数与应力损伤因子拟合曲线的函数表达式分别如式(2-6)和式(2-7)所示。

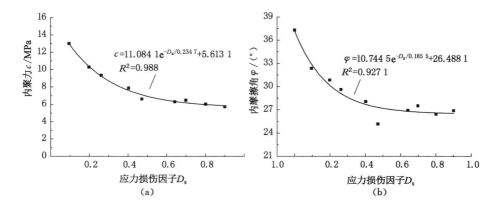

图 2-11 初始损伤岩样力学参数与应力损伤因子拟合曲线

(a) 内聚力;(b) 内摩擦角

$$c = 11.084\ 1e^{-D_s/0.234\ 7} + 5.613\ 1(R^2 = 0.988\ 0) \qquad (2\text{-}6)$$

$$\varphi = 10.744\ 5e^{-D_s/0.185\ 5} + 26.488\ 1(R^2 = 0.927\ 1) \qquad (2\text{-}7)$$

(3)岩样破坏模式分析

试验结束后,轮换卸除轴压和围压,取出岩样,并对破裂岩样采用热收缩膜重新密封,以避免移动过程中岩样沿破裂面产生破断。不同应力路径下岩样破坏模式如图 2-12 所示。由图 2-12 可知,岩样破坏模式以剪切破坏为主;岩样的破碎程度比常规三轴压缩试验的高;随着岩样损伤程度的增加,岩样的最终破坏程度变大,表现为岩样表面剪切裂纹的分布数量及扩展程度均有所增加。例如,$J_1 \sim J_3$ 岩样表面均存在 2 条贯穿顶底部的剪切主裂纹,J_1 岩样表面无微裂纹存在,J_2 和 J_3 岩样表面分别存在 1 条微裂纹;而 $J_4 \sim J_9$ 岩样表面除存在 2 条剪切主裂纹以外,同时存在有 $2 \sim 5$ 条微裂纹,随着岩样初始损伤程度的增加,微裂纹的数量及扩展程度均有所增加;而 $J_7 \sim J_9$ 岩样在原有剪切主裂纹和微裂纹的基础上,表面存在不同程度的横向微裂纹(裂纹角度与岩样层理面平行),此时这些岩样的结构性极差,极易沿剪切主裂纹及岩样顶底部裂纹区产生断裂和局部剥落。

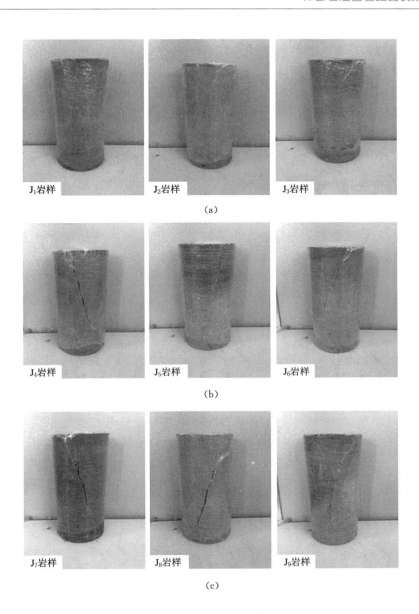

图 2-12 不同应力路径下岩样破坏模式

（a）$J_1 \sim J_3$ 岩样；（b）$J_4 \sim J_6$ 岩样；（c）$J_7 \sim J_9$ 岩样

2.3 深部巷道围岩强度衰减模型建立

采用理论计算和数值模拟的方法分析深部巷道围岩稳定性时,一般采用塑性应变参数作为自变量来表征岩石材料损伤程度。若要将室内试验结果应用到理论计算和数值模拟中,则需建立塑性应变参数与岩样峰后强度衰减参数(内聚力 c、内摩擦角 φ)之间的关系。

2.3.1 塑性应变参数选取

岩石的力学行为可通过一个破坏准则 $f=0$ 和一个塑性势函数 g 来表达。从广义上讲,破坏准则和塑性势不仅依赖于应力张量 σ_{ij},而且依赖于塑性参数或软化参数。其破坏准则为:

$$f(\sigma_{ij}, \eta) = 0 \tag{2-8}$$

在进行压缩试验时,岩石材料应力-应变曲线达到峰值强度之前,其变形主要以弹性变形为主,该阶段内不产生塑性变形。因此,岩样应力未到达峰值前可认为其材料破坏准则 $f=0$ 和塑性势函数 g 依赖于应力张量 σ_{ij},而与塑性参数 η 无关(此阶段塑性参数 $\eta=0$),可将岩样峰值前应力-应变曲线简化为线性,如图 2-13 中 OA 段所示。然而,岩石材料在一定围压条件下加载过程中通常表现出峰后的应变软化行为,即当应力-应变曲线达到峰值点后,岩样的承载能力一般随着应变的增加近似负指数函数衰减,即进入岩样峰后应变软化阶段(如图 2-13 中 AB 段所示),此阶段中塑性参数 $\eta>0$。当应力跌落至某一恒定值后,岩样进入残余强度阶段,如图 2-13 中 BC 段所示。在给定的围压条件下,峰值强度和残余强度分别表示岩样所能承受的最大和最小应力。塑性参数控制着岩样强度的转化过程。

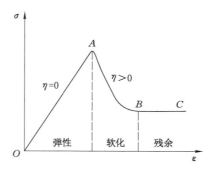

图 2-13 岩石材料应变软化行为曲线

目前,对于塑性参数 η 的定义并没有形成明确的共识,常采用的定义形式有以下两种:内在变量方式和塑性应变增量方式。为简化计算,本书采用内在变量方式定义塑性参数 η。计算内在变量方式时,最广泛采用的塑性参数为塑性剪切应变 γ_p。其量值可通过最大主塑性应变和最小主塑性应变的差值获得。其计算式如下:

$$\eta = \gamma_p = \varepsilon_1^p - \varepsilon_3^p \tag{2-9}$$

式中,γ_p 为塑性剪切应变;ε_1^p、ε_3^p 分别为最大和最小主塑性应变。

采用式(2-9)计算塑性剪切应变时,为避免符号转化问题,常对于最大主塑性应变和最小主塑性应变的差值取绝对值后表示塑性剪切应变。

式(2-9)中,ε_1^p、ε_3^p 分别为最大和最小主塑性应变。其计算公式为:

$$\varepsilon_1^p = \varepsilon_1 - \varepsilon_1^e \tag{2-10}$$

$$\varepsilon_3^p = \varepsilon_3 - \varepsilon_3^e \tag{2-11}$$

式(2-10)和式(2-11)中,ε_1、ε_3 分别为轴向和环向总应变;ε_1^e、ε_3^e 分别为轴向和环向弹性应变。根据弹性理论,其计算公式为:

$$\varepsilon_1^e = \frac{1}{E}\left[\sigma_1 - \nu(\sigma_2 + \sigma_3)\right] \tag{2-12}$$

$$\varepsilon_3^e = \frac{1}{E}\left[\sigma_3 - \nu(\sigma_1 + \sigma_2)\right] \tag{2-13}$$

式中,E 和 ν 分别是岩石材料的杨氏模量和泊松比。

初始损伤岩样塑性剪切应变计算结果如表 2-8 所示。

表 2-8 　　　　　　　　　　初始损伤岩样塑性剪切应变计算结果

参数	岩样编号								
	J_1	J_2	J_3	J_4	J_5	J_6	J_7	J_8	J_9
ε_1^p	0.001 4	0.002 026	0.002 523	0.002 974	0.003 119	0.005 373	0.005 296	0.005 823	0.005 56
ε_3^p	0.002 891	0.004 595	0.005 392	0.006 055	0.005 971	0.009 139	0.009 73	0.011 583	0.011
γ_p	0.001 491	0.002 569	0.002 869	0.003 081	0.002 852	0.003 766	0.004 434	0.005 76	0.005 44
c/MPa	13.004 1	10.28	9.336 4	7.883 1	6.624	6.294 3	6.481 6	6.024 4	5.710 4
φ/(°)	32.357	30.84	29.626	28.071	25.179	26.946	27.53	26.445	26.914

以完整岩样试验获得的内聚力、内摩擦角作为初始值,对应塑性剪切应变为0,联合表 2-8 所示的初始损伤岩样塑性剪切应变 γ_p 与内聚力 c、内摩擦角 φ 间的对应关系进行拟合。由图 2-14 可知,岩样内聚力 c、内摩擦角 φ 随着塑性剪切应变 γ_p 的增加呈非线性递减,两者衰减规律近似负指数关系。初始拉伤岩样

强度参数与塑性剪切应变拟合曲线的函数表达式如式(2-14)和式(2-15)所示。

$$c = 10.595\ 2e^{-\gamma_p/0.004\ 41} + 2.715\ 7 \tag{2-14}$$

$$\varphi = 12.258\ 7e^{-\gamma_p/0.002\ 41} + 25.234\ 9 \tag{2-15}$$

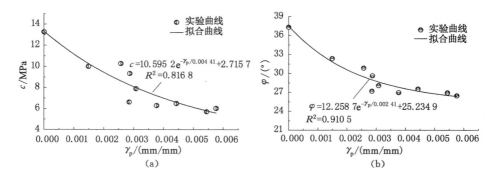

图 2-14　初始损伤岩样强度参数与塑性剪切应变之间的关系
(a) 内聚力；(b) 内摩擦角

2.4　FLAC³ᴰ软件应变软化模型二次开发

FLAC³ᴰ应变软化模型中采用塑性参数 ε^{ps} 计算岩体的塑性剪切应变 γ_p。若要将所建立的围岩强度衰减模型嵌入数值计算软件，需对式(2-14)和式(2-15)中塑性剪切应变 γ_p 与塑性参数 ε^{ps} 替换推导。替换塑性参数后的强度衰减模型嵌入到数值计算软件中，可直接进行调用。基于张双楼矿－1 000 m 西大巷生产地质条件，以现场实测围岩位移、破坏区范围分布情况作为已知特征值，反演围岩基本力学参数和模型参数，以校验所建立围岩强度衰减模型的合理性。

2.4.1　塑性参数替换推导

基于现有研究成果，ε^{ps} 与 γ_p 之间的关系可表示为：

$$\varepsilon^{ps} = \frac{\sqrt{3}}{3}\sqrt{1 + N_\psi + N_\psi^2}\ \frac{\gamma_p}{1 + N_\psi} \tag{2-16}$$

式中，$N_\psi = \dfrac{1 + \sin\psi}{1 - \sin\psi}$，$\psi$ 为剪胀角。

取岩石剪胀角 $\psi = 12°$，式(2-16)简化为：

$$\varepsilon^{ps} = 0.504\gamma_p \tag{2-17}$$

将式(2-17)分别代入式(2-14)和式(2-15)，可得：

$$c = 10.595\,2e^{-\varepsilon^{ps}/0.002\,25} + 2.715\,7 \tag{2-18}$$

$$\varphi = 12.258\,7e^{-\varepsilon^{ps}/0.001\,23} + 25.234\,9 \tag{2-19}$$

塑性参数 ε^{ps} 与塑性剪切应变 γ_p 替换推导完成后,式(2-18)和式(2-19)所示的围岩强度参数衰减模型可直接应用到数值计算模型中。

2.4.2　模型合理性评价与参数反演

2.4.2.1　岩样应力-应变曲线校验

采用 FLAC³ᴰ 内置 Friendly Interactive Shell(简称 FISH)编程语言,将式(2-18)和式(2-19)所示的围岩强度衰减模型嵌入数值计算软件中,利用第2.2.2节室内试验获取的岩石力学基本参数进行模拟。模型下边界设置位移约束,模型上边界施加恒定位移速度模拟加载,模型环向边界通过施加不同量级的载荷模拟围压。设计 J_2、J_4、J_6、J_8 四个岩样的模拟。对应围压均为 25 MPa。模型其他参数参照表 2-3 选取。

模拟过程中,全程记录模型的应力与应变,得到如图 2-15 所示的岩样应力-应变曲线。由图 2-15 可知,岩样加卸载的模拟结果与室内试验结果比较吻合,岩样峰前和峰后加载曲线相似度极高。这表明所建立的深部巷道围岩强度衰减模型可以较好地描述岩石的峰后力学特性。因此,对于后续研究可用该模型展开数值模拟。

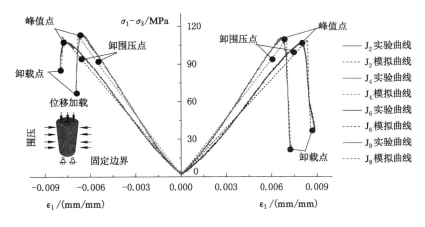

图 2-15　室内试验与数值模拟岩样应力-应变曲线对比

2.4.2.2　岩体参数反演与校验

（1）参数反演

实际工程中岩体的力学性质与实验室内制作的岩石试件存在着很大差异。其原因在于：① 岩体赋存于一定地质环境中，地应力、地温、地下水等因素对其物理力学性质产生着很大影响；岩石试件只是为了实验室试验而加工的岩块，本身已经完全脱离了原有的地质环境。② 岩体在自然状态下经历了漫长的地质作用过程，其内部含有各种地质构造和弱面；岩石试件往往取自岩体的一部分，自身离散型较大。这些差异导致室内试验结果无法直接应用到理论计算与数值模拟中。因此，数值模拟前，应对实验室试验结果进行修正。

反演岩体的数值计算参数时，以张双楼矿－1 000 m 西大巷生产地质条件为背景，采用现场实测获得的围岩位移、破坏范围等条件作为已知特征值。建立如图 2-16 所示的岩体数值计算模型。模型尺寸（$X \times Y \times Z$）为 60 m×40 m×60 m。模型侧边限制水平移动、底部边界限制垂直移动。通过对模型上边界施加 25 MPa 垂直载荷模拟巷道埋深 1 030 m 时上覆岩层的重量。水平应力为 20 MPa，即侧压系数为 0.8。模拟巷道断面为直墙半圆拱形，其尺寸（宽×高）为 4.6 m×4.1 m。本构模型采用应变软化模型，并将围岩峰后强度衰减规律嵌入数值计算模型。

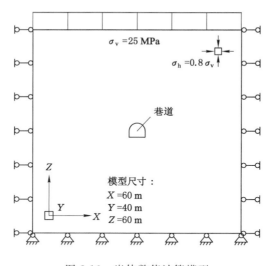

图 2-16　岩体数值计算模型

采用迭代法反演岩体数值计算模型参数，如表 2-9 所示。表 2-10 给出了具有代表性的几组塑性应变点对应的岩石峰后力学参数。

表 2-9   岩体数值计算模型反演参数

类别	密度 /(kg/m³)	弹性模量 /GPa	泊松比	内聚力 /MPa	内摩擦角 /(°)	抗拉强度 /MPa
参数	2 300	1.8	0.28	3.32	30	0.5

表 2-10   不同塑性应变对应的岩石峰后力学参数

塑性参数 ε^{ps}	0	0.001	0.001 5	0.002	0.003	0.004	0.01	0.1	1
内聚力/MPa	3.32	2.72	2.03	1.68	1.41	1.34	1.32	1.32	1.32
内摩擦角/(°)	30	24.91	23.06	21.76	20.2	19.42	18.66	18.65	18.65

（2）参数校验

岩体参数反演过程是以现场实测矿压显现规律作为已知特征值的。为了更好地显示对比效果，验证反演参数的合理性，下面分析不同本构模型下数值模拟和现场实测结果的对比效果。数值模拟时本构模型分别选取摩尔-库伦模型和应变软化模型。将表 2-9 所示的参数输入摩尔-库伦模型中，即不考虑围岩峰后参数的衰减。将表 2-10 所示的参数和式（2-18）、式（2-19）所示围岩峰后强度衰减关系输入应变软化模型中。分别对两种数值计算模型施以相同参数的锚杆（索）支护，将两者运算结果与现场实测结果进行对比分析。

① 塑性区分布

图 2-17（a）、（b）给出了摩尔-库伦模型和应变软化模型塑性区计算结果。现场巷道围岩破坏情况孔内窥视结果如图 2-17（c）所示。

由图 2-17（a）、（b）可知，采用摩尔-库伦模型和应变软化模型计算得到的巷道表面张拉破坏区的范围大致相等；其区别在于围岩深部压剪破坏区的扩展范围具有很大差异性：摩尔-库伦模型计算出的巷道围岩塑性区基本呈对称状态分布，巷帮及顶底板破坏深度分别为 2 m、1.5 m 和 2.5 m；而应变软化模型计算得到巷帮及顶底板塑性区范围分别为 6 m、2.5 m 和 4.5 m。

如图 2-17（c）所示，现场对巷道围岩钻孔窥视结果显示，巷帮围岩裂隙最大扩展范围约为 5.5 m，顶底板的则分别为 3 m 和 4.5 m。该破碎区的产生表明围岩应力已经到达到峰值，进入峰后承载阶段，可用数值计算塑性区扩展范围。因此，采用考虑围岩峰后强度衰减的应变软化模型计算得到的结果更加接近现场实测结果，如图 2-17（d）所示。

② 巷道围岩变形量

图 2-17（e）给出了摩尔-库伦模型和应变软化模型计算得到的巷道围岩变形量及现场多点位移计实测变形量。由图 2-17（e）可知，采用摩尔-库伦模型时，巷

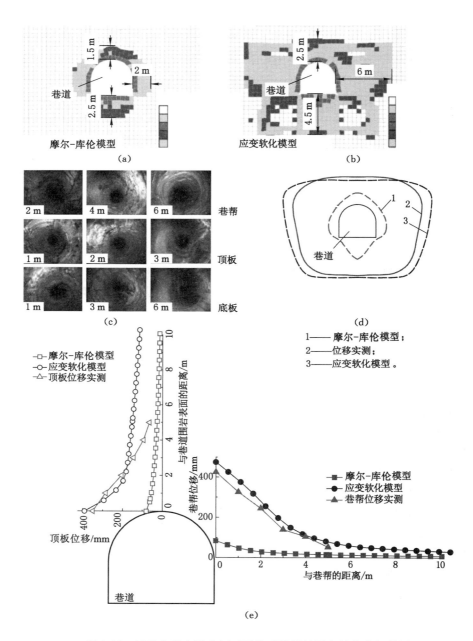

图 2-17　试验巷道变形破坏不同模型模拟结果和钻孔窥视结果

帮及顶板围岩位移主要发生在距巷道表面 2 m 范围内,帮、顶板表面位移仅为 80 mm;而采用应变软化模型时,巷帮位移产生深度增加至 5 m,顶板的则为 3 m 左右,巷帮与顶板表面位移分别增加至 475 mm 和 390 mm。这应变软化模型计算得到的结果更加接近于现场多点位移计实测结果。因此,采用考虑围岩峰后强度衰减的应变软化模型可较好地模拟深部巷道大变形特征。

2.5　本 章 小 结

本章基于岩样单轴及常规三轴试验结果,设计了岩石室内试验加卸载路径,获取了不同峰后应变软化阶段的初始损伤岩样;采用多级围压多次峰值屈服试验方法测定了初始损伤岩样力学参数,建立了深部围岩峰后强度衰减模型;以试验巷道实测矿压显现规律作为已知特征值,反演了岩体的数值计算模型参数。本章主要取得以下结论。

(1) 采用单轴及常规三轴压缩试验方法,测试了试验巷道岩样的初始力学参数。其结果表明:随着围压的增加,岩样应变软化模量及剪切破断角逐渐减小;岩样的峰值强度及残余强度随着围压的增加近似线性关系增长。依据摩尔-库伦屈服准则,计算获得了岩样的基本力学参数。

(2) 采用室内加卸载试验的方法,建立了深部巷道围岩峰后强度衰减模型。将岩样加载至峰后应变软化阶段各目标点后卸载,获取了不同损伤程度的初始损伤岩样。采用多级围压多次峰值屈服试验方法,测定了初始损伤岩样的力学参数。选取塑性剪切应变 γ_p 作为损伤变量,拟合得到塑性剪切应变与初始损伤岩样力学参数(内聚力 c、内摩擦角 φ)的函数表达式为:

$$c = 10.595\,2e^{-\gamma_p/0.004\,41} + 2.715\,7$$
$$\varphi = 12.258\,7e^{-\gamma_p/0.002\,41} + 25.234\,9$$

通过对塑性剪切应变 γ_p 与 FLAC^{3D} 中的塑性参数 ε^{ps} 替换推导,初步建立了可嵌入数值计算软件的深部巷道围岩强度衰减模型。

(3) 采用数值模拟的方法,验证了围岩峰后强度衰减模型的合理性。其结果显示:采用数值模拟方法得到的岩样应力-应变曲线与室内试验结果基本吻合,该衰减模型可较好地描述围岩的峰后应变软化特性。

(4) 以张双楼矿－1 000 m 西大巷现场实测获得的围岩位移、破坏范围等条件作为已知特征值,采用迭代法反演了岩体的数值计算模型参数。通过在相同参数下摩尔-库伦模型和应变软化模型计算得到的巷道围岩变形量、巷道表面张拉破坏区范围与实测值的对比分析,得出:应变软化模型计算结果更接近现场工程结果。这验证了所建立的围岩峰后强度衰减模型的合理性。

3 深部巷道钻孔卸压机理及关键参数确定方法

深部巷道往往一经掘出就表现出大变形的特点,不仅变形速度快,且变形持续时间较长。经常采用多种支护方式多次支护后,仍不能保持深部巷道的长期稳定。深部巷道产生大变形的主要原因之一是巷道围岩所处应力环境高。为改善围岩高应力环境,国内外学者提出了多种应力转移技术,如开槽、钻孔、松动爆破等巷内卸压技术,以及开卸压巷、开采解放层等巷外卸压技术,取得了一定的卸压效果。在众多卸压技术中,钻孔卸压技术具有施工容易、施工速度快等优点。钻孔卸压技术在转移高应力的同时,可为围岩的膨胀变形提供补偿空间,进而减小巷道变形量。因此,在深部高应力巷道中钻孔卸压技术应用较为广泛。目前,对于钻孔卸压机理,许多学者已有很深入的认识。阻挠钻孔卸压技术推广的关键因素在于技术参数的确定上,因为钻孔卸压效果受钻孔参数的直接影响。钻孔参数确定方法的缺失导致钻孔卸压技术无法形成完整的技术体系,这影响了该技术的进一步发展及推广应用。

本章基于室内试验结果,采用嵌入围岩强度衰减模型的 FLAC^{3D} 软件系统研究卸压方位、卸压时机及钻孔参数等因素对深部巷道围岩稳定性的影响,提出卸压钻孔参数确定方法,完善深部巷道钻孔卸压技术体系。

3.1 钻孔卸压技术作用原理

巷道开挖后,围岩表面的径向应力得到解除,受力状态由最初的三向受力向二向受力转变,原岩应力重新分布;部分围岩出现应力集中,当应力大于岩体的极限承载能力后,围岩会产生塑性变形(从巷道周边向围岩深处扩展到一定范围,即产生塑性变形区)。根据极限平衡理论,巷道围岩塑性变形区及应力分布如图 3-1 所示。一般认为切向应力峰值位置位于围岩弹塑性交界处。巷道围岩内塑性区的出现,降低了浅部围岩的承载能力。围岩塑性区一般可分为两个区域(图 3-1 中 A 区、B 区)。一个区域是塑性区外圈应力高于原岩应力的区域(B 区),该区围岩虽然产生了一定程度的塑性破坏,但在三向应力的作用下,岩体的承载能力较强,应力高于原岩应力,与弹性区内应力增高部分一样也为承载区(即应力增高区)。另一个区域是塑性区内圈低于原岩应力的区域（A区），该区域中最大主应力与最小主应力的差值较大，应力值低于原岩应力，围岩发生破裂和位移（称为破裂区，也称为卸载和应力降低区）。

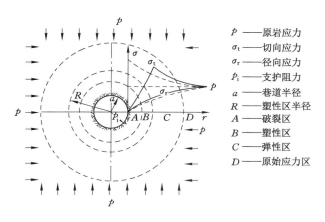

图 3-1 巷道围岩塑性变形区及应力分布

对于受高应力作用或具有膨胀性的软岩巷道，采用钻孔卸压技术转移围岩高应力，抑制巷道围岩变形是有效的围岩维护方法之一。钻孔卸压技术，是通过人为钻孔的方法在巷道围岩内部形成一个弱化区或弱化带，将巷道周边围岩内的高应力向围岩深部转移，同时在应力转移过程中为围岩的膨胀变形提供有效补偿空间，从而达到减小巷道围岩变形、保持巷道稳定的目的。

图 3-2 给出了深部高应力巷道围岩钻孔卸压原理图。不采用钻孔卸压技术时，巷道开挖后，随着与巷道表面距离的增大，依次形成破碎区、塑性区和弹性应力增高区，围岩应力峰值位于巷道弹塑性区交界处，如图 3-2 中曲线 1 所示。通过对深部巷道施工大孔径钻孔卸压，单个钻孔在重分布应力的作用下，同样会形成一定范围的破碎区和塑性区；当多个钻孔形成的破碎区、塑性区相互叠加作用时，就会在巷道卸压部位的围岩内部形成一条卸压带，其承载能力的降低导致了应力增高区内的应力进一步往稳定性好、承载能力强的深部围岩转移，最终导致图 3-2 中曲线 1 演化为曲线 2，塑性区扩展范围随之增大。巷道围岩应力环境的改善为巷道的稳定性维护创造了较好的条件。

综上分析可知，钻孔卸压技术的实质就是损失巷道局部围岩的稳定性，转移围岩周边高应力，从而达到减小巷道变形的目的。该技术的直接评价指标为应力转移效果和围岩变形控制效果。本书在后续研究卸压钻孔方位、卸压时机、卸压参数等因素的确定原则时，综合采用上述两个评价指标，并依据不同卸压钻孔参数对应的卸压程度不同，提出以下卸压分类。

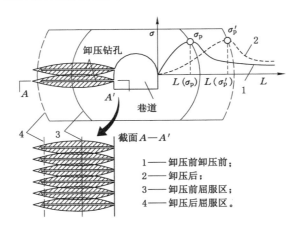

图 3-2　深部高应力巷道围岩钻孔卸压原理图

（1）非充分卸压：卸压钻孔参数不足以转移巷道周边高应力，或在应力转移效果不明显的情况下，同时增加了巷道围岩变形量，称之为非充分卸压。

（2）充分卸压：卸压钻孔参数在有效转移巷道周边高应力的同时，又能对巷道围岩变形起到一定的控制效果，称之为充分卸压。

（3）过度卸压：卸压钻孔参数的改变对于巷道周边应力的转移作用较小，且由于卸压程度过高，导致巷道围岩变形量的急剧增加，围岩已不能保持自稳状态，称之为过度卸压。

上述卸压分类中出现的巷道周边高应力，是指在无卸压钻孔时，巷道开挖稳定后产生的应力增高区内的应力。不同生产地质条件下巷道应力增高区范围不尽相同，为简化分析，取应力增高区内的一个重要特征值（应力峰值），表征巷道围岩周边高应力。研究中将无卸压钻孔下巷道应力增高区内的应力峰值（原应力峰值）σ_p 及峰值位置 $L(\sigma_p)$ 作为已知特征值。通过对不同卸压钻孔参数下巷道围岩产生的新应力峰值 σ'_p 和位置 $L(\sigma'_p)$、以及原应力峰值位置 $L(\sigma_p)$ 的变化规律进行对比分析，综合评判卸压钻孔参数对巷道围岩应力的转移效果。

3.2　卸压钻孔关键参数确定方法

近年来，随着计算机技术的飞速发展，根据不同的工程分析需要，开发了不同种类的数值模拟软件。这些软件在岩土、采矿、隧道、道路与铁道工程等领域得到了广泛应用。对于复杂的力学过程求解问题，采用数值计算时，大量的计算工作依靠计算机完成,其输出结果更为直观,对解决复杂的岩体力学问题非常有效。本节采用数值模拟方法,从巷道应力转移效果和围岩变形控制效果两个方面,分析卸压方位、卸压时机及钻孔参数(长度、直径、间排距)对巷道围岩稳定性的作用规律,提出影响钻孔卸压效果的各因素的确定原则,完善深部巷道钻孔卸压技术体系。

3.2.1 数值计算模型建立

在第 2 章中将室内试验建立的围岩强度衰减模型嵌入 FLAC³ᴰ应变软化本构模型中,基于试验巷道现场实测矿压显现规律,反演了岩体的数值计算力学参数。本节通过建立深部巷道钻孔卸压模型,将反演参数输入模型中获取初始赋值,模拟分析卸压钻孔方位、卸压时机及钻孔参数对深部巷道围岩稳定性的作用规律。本小节主要完成卸压钻孔模型的前期建模工作。

FLAC³ᴰ是一款连续介质力学分析软件。相比于 ANSYS 和 ABAQUS 等有限元计算软件,FLAC³ᴰ具有命令驱动模式、转移性、开放性等特点,尤其是在求解及后处理方面,其优势更加明显。但是在前期建模期间,FLAC³ᴰ需要用户自己编写模型程序,形式复杂,耗时量大。因此,采用 FLAC³ᴰ计算复杂岩土工程问题时,一般采用交互性好的前处理软件完成前期建模,利用软件程序接口将模型转化为 FLAC³ᴰ可以读入的模型程序。这可节省大量时间。

HyperMesh 是高质量高效率的有限元前处理器。它提供了交互式可视化环境帮助用户完成建模。它的开放式架构提供了最广泛的 CAD、CAE 和 CFD 软件接口。它支持用户自定义,可与任何仿真环境无缝集成,可完成杆梁、板壳、四面体和六面体网格的自动和半自动划分。建立深部巷道钻孔卸压模型时,在 HyperMesh 中完成模型网格划分,利用 HyperMesh-FLAC³ᴰ程序接口,将模型转化为可供 FLAC³ᴰ软件读入的模型程序,在 FLAC³ᴰ中实现本构模型、材料属性、边界及初始条件的赋值。

依据所需研究内容,分别建立如图 3-3 和图 3-4 所示的不同钻孔方位、直径布置的数值计算模型,即模型Ⅰ、Ⅱ。模型尺寸($X \times Y \times Z$)为 40 m× 9.6 m×40 m。模型侧边限制水平移动、底部边界限制垂直移动。通过对模型上边界施加 25 MPa 垂直载荷以模拟巷道埋深 1 030 m 时上覆岩层的重量。模拟巷道断面为直墙半圆拱形,其尺寸(宽×高)为 4.6 m×4.1 m。

模型的本构关系采用应变软化模型。岩层初始参数赋值采用第 2.4.2 节中迭代反演获得的围岩基本力学参数(如表 2-9 所示),应变软化模型围岩强度参数衰减关系按式(2-18)和式(2-19)取值。

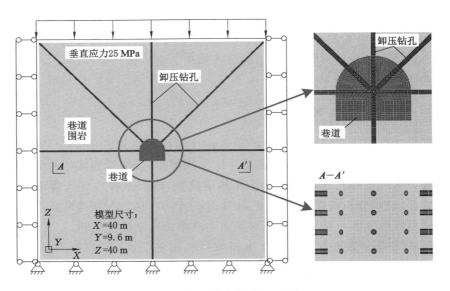

图 3-3　交叉钻孔模型（模型 I）

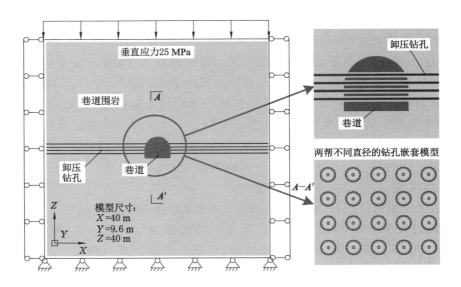

图 3-4　水平钻孔模型（模型 II）

3.2.2 卸压钻孔方位确定方法

巷道所处应力环境不同,围岩应力演化及变形破坏特征存在较大差异。巷道应力环境依据侧压系数 k 不同分为静水应力场($k=1$)、垂直应力场($k<1$)和水平应力场($k>1$)三类。巷道处于垂直应力场时,巷帮围岩应力集中程度较高,巷帮为巷道的主要破坏位置;巷道处于水平应力场时,围岩变形则主要发生在顶底板。本节基于静水应力场环境,分析卸压钻孔方位对围岩垂直及水平应力的转移效果,结合卸压方位对不同应力环境下巷道围岩变形量的控制效果分析,提出合理卸压钻孔方位的确定原则。数值计算模型采用模型Ⅰ,如图 3-5 所示。依据卸压钻孔布置方位不同,将钻孔分为巷帮水平钻孔(钻孔①)、肩角倾斜钻孔(钻孔②)和顶板垂直钻孔(钻孔③)三类。不同卸压钻孔方位模拟方案如表 3-1 所示。

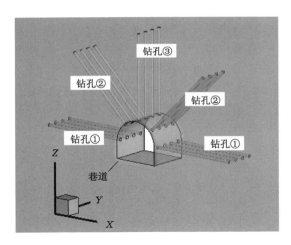

图 3-5 不同卸压钻孔方位分类

表 3-1   **不同卸压钻孔方位模拟方案**

基本参数	钻孔直径/mm		钻孔长度/m		钻孔排距/m		钻孔间距/m	
	300		9		1.2		—	
方案	Ⅰ	Ⅱ	Ⅲ	Ⅳ	Ⅴ	Ⅵ	Ⅶ	Ⅷ
钻孔方位	无钻孔	①	②	③	①、②	①、③	②、③	①、②、③

3.2.2.1 钻孔方位对应力转移效果的影响

分析卸压钻孔方位对巷道围岩应力场转移效果的影响时,以静水应力场环境作为研究对象,即取侧压系数 $k=1$。模拟巷道开挖后,按照设计方案分别对巷道开挖不同方位的卸压钻孔,运算平衡后,分别对不同卸压钻孔方位下巷帮垂直应力及顶板水平应力的演化规律展开分析。

(1) 钻孔方位对巷帮垂直应力分布的影响

如图 3-6 所示,分别沿巷道相邻两孔中心位置作 X-Z 剖面(剖面Ⅰ),取剖面上巷帮钻孔位置(剖面Ⅱ)的垂直应力。图 3-7 给出了不同卸压方位下巷帮垂直应力分布曲线。巷帮原应力峰值位置 $L(\sigma_p)$ 的垂直应力分布如图 3-8 所示。

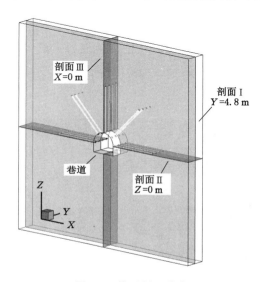

图 3-6　模型剖面分布

由图 3-7 和图 3-8 可知,不同卸压钻孔方位下巷帮围岩应力演变曲线存在较大差异。依据应力转移效果(应力演变曲线走势)的不同,巷帮垂直应力分布状态大致可以分为三类,如表 3-2 所示。

表 3-2　　　　　　　　不同卸压钻孔方位下巷帮垂直应力曲线分类

序号	曲线分类	对应钻孔方位
1	应力转移效果不明显	无钻孔(方案Ⅰ),钻孔③(方案Ⅳ)
2	应力转移效果一般	钻孔②(方案Ⅲ),钻孔②、③(方案Ⅶ)
3	应力转移效果明显	钻孔①(方案Ⅱ),钻孔①、②(方案Ⅴ) 钻孔①③(方案Ⅵ),钻孔①、②、③(方案Ⅷ)

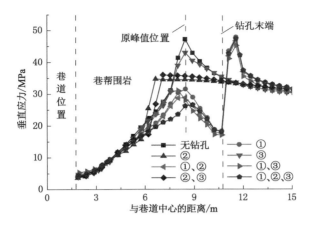

图 3-7 不同卸压方位下巷帮垂直应力分布

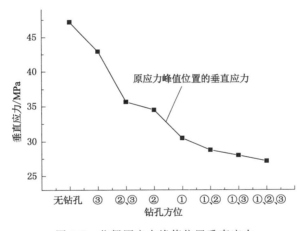

图 3-8 巷帮原应力峰值位置垂直应力

第 1 类:应力转移效果不明显。巷道无卸压钻孔时,巷帮垂直应力峰值位于距离巷帮 6.2 m 位置处,其值为 47 MPa;仅开挖顶板垂直卸压钻孔(方案Ⅳ)时,巷帮垂直应力分布曲线与无钻孔时的基本相同,巷帮垂直应力峰值所处位置同样处于距巷帮 6.2 m 处,其值(约为 43 MPa)有所减小。

第 2 类:应力转移效果一般。对巷道开挖肩角钻孔(方案Ⅲ)时,巷帮垂直应力集中程度相比于第 1 类的有所降低,巷帮垂直应力峰值为 36 MPa,其位于距巷帮 4.8 m 处;肩角及顶板钻孔同时开挖(方案Ⅶ)时,巷帮垂直应力曲线与仅开挖肩角钻孔时的相差不大,巷帮垂直应力峰值为 35 MPa,其位于距巷帮 4.35 m 处。

第 3 类：应力转移效果明显。巷帮开挖水平钻孔（方案Ⅱ）时，相比于前两类，巷帮垂直应力转移效果增强，巷帮垂直应力峰值位于距巷帮 9.2 m 处，其值为 47 MPa；在巷帮钻孔开挖基础上，同时开挖肩角钻孔或顶板钻孔，应力转移后产生的新应力峰值 σ'_p 及其所在位置 $L(\sigma'_p)$ 相比于方案Ⅱ的变化很小，原应力峰值处 $L(\sigma_p)$ 的应力由 31.5 MPa 减小至 26.2 MPa，其变化幅度不大。

综上分析可知，卸压钻孔方位对巷帮垂直应力转移效果影响的主次顺序为：巷帮水平钻孔＞肩角倾斜钻孔＞顶板垂直钻孔。当开挖水平钻孔时，巷帮垂直应力转移可取得较好的效果。在水平钻孔开挖的基础上，同时开挖肩角和顶板钻孔对于巷帮垂直应力转移效果的改善并不明显，但是大幅增加了巷道钻孔工程量。因此，对于转移巷帮垂直应力，应以布置巷帮水平钻孔为主。

（2）钻孔方位对顶板水平应力分布的影响

分析卸压方位对顶板水平应力转移效果的影响时，测取图 3-6 中剖面Ⅰ与剖面Ⅲ相交位置的水平应力。不同卸压方位下顶板水平应力分布如图 3-9 所示。图 3-10 给出了顶板原应力峰值位置 $L(\sigma_p)$ 的水平应力。由图 3-9 和图 3-10 可知，不同卸压钻孔方位对应的顶板水平应力演变曲线存在较大差异。依据应力转移效果（应力演变曲线走势）的不同，顶板水平应力分布状态可分为四类，如表 3-3 所示。

表 3-3　　　　　　　　不同卸压钻孔方位下顶板水平应力曲线分类

序号	曲线分类	对应钻孔方位
1	应力转移效果不明显	无钻孔（方案Ⅰ），钻孔①（方案Ⅱ）
2	应力转移效果一般	钻孔②（方案Ⅲ），钻孔①、②（方案Ⅴ）
3	应力转移效果明显	钻孔③（方案Ⅳ），钻孔①、③（方案Ⅵ）
4	应力转移效果显著	钻孔②、③（方案Ⅶ），钻孔①、②、③（方案Ⅷ）

第 1 类：应力转移效果不明显。巷道无卸压钻孔时，顶板水平应力峰值距顶板表面 6 m，其值约为 32.3 MPa；开挖巷帮钻孔（方案Ⅱ）时，顶板水平应力分布影响极小，顶板水平应力峰值位于距顶板表面 5.2 m 处，其值为 34 MPa。

第 2 类：应力转移效果一般。巷道开挖肩角钻孔（方案Ⅲ），或肩角、巷帮钻孔同时开挖（方案Ⅴ）时，顶板水平应力转移开始出现效果，两种方案下顶板水平应力曲线走势基本相同，原应力峰值位置 $L(\sigma_p)$ 的应力分别为 24.7 MPa 和 25 MPa。

第 3 类：应力转移效果明显。巷道开挖顶板钻孔（方案Ⅳ），或顶板、巷帮钻孔同时开挖(方案Ⅵ)时,顶板水平应力转移效果明显优于前两类的,顶板水平应力峰值约为 40 MPa,均距顶板表面 9.2 m。方案Ⅳ、Ⅵ的主要差异在于顶板原应力峰值位置 $L(\sigma_p)$ 的应力有所不同,但均低于原岩应力值。

　　第 4 类:应力转移效果显著。与第 3 类相比,巷道开挖顶板、肩角钻孔(方案Ⅶ),或顶板、肩角及巷帮钻孔同时开挖(方案Ⅷ)时,顶板水平应力峰值位置及量值并无明显变化,其差别在于原应力峰值位置 $L(\sigma_p)$ 的应力进一步降低,约为 15 MPa;两种方案下顶板水平应力曲线走势基本保持一致。

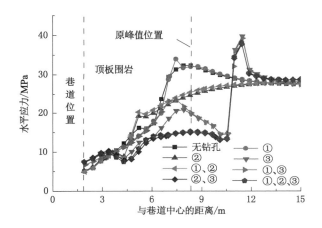

图 3-9　不同卸压方位下顶板水平应力分布

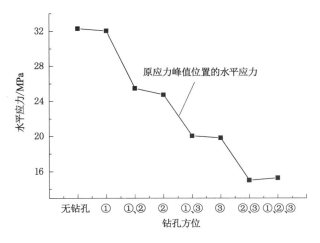

图 3-10　顶板原应力峰值位置水平应力

综上分析可知,卸压钻孔方位对顶板水平应力转移效果影响的主次顺序为:顶板垂直钻孔＞肩角倾斜钻孔＞巷帮水平钻孔。开挖顶板钻孔时顶板水平应力转移具有较好的效果。在顶板钻孔开挖的基础上,同时施工肩角钻孔和巷帮钻孔时顶板水平应力峰值及位置影响并不明显,仅原应力峰值位置 $L(\sigma_p)$ 的水平应力有所降低。因此,对于转移巷道顶板水平应力,应以布置顶板垂直钻孔为主。

3.2.2.2 钻孔方位对巷道变形的影响

上节分析了卸压钻孔方位对巷道应力转移效果的作用规律。评价卸压效果除考虑应力转移外,还应考虑对巷道围岩变形量的控制。本节分别对不同应力场环境下的巷道开挖不同方位的卸压钻孔,分析卸压钻孔方位对巷道围岩变形的控制效果。应力场环境选取静水应力场、垂直应力场和水平应力场三类。垂直应力场和水平应力场分别取水平应力为 20 MPa、30 MPa,即侧压系数 $k=0.8$、1.2。模型运算平衡后,取相邻两孔中部(剖面Ⅰ)的围岩位移量绘制如图 3-11 所示的直方图。表 3-4 给出了不同应力场环境及钻孔卸压方位下对应的巷道围岩变形量。以巷道卸压后相对于无钻孔时的变形差量与后者的比值表征围岩位移变化率,其中,"－"表示减小,"＋"表示增加。

由图 3-11 和表 3-4 可知,不同应力场环境下,卸压钻孔方位对巷道围岩变形量的影响具有以下规律。

(1)静水应力场:卸压钻孔方位对巷道变形量影响的区分度明显。仅在巷帮及顶板钻孔同时开挖(方案Ⅵ)时,巷帮及顶底板变形量相比于无钻孔时的同时处于减小状态,其减幅分别为 10.05％、13.92％和 11.56％,远大于其他方案时巷帮及顶底板变形量后减幅。

(2)垂直应力场:巷帮及顶底板变形量同时处于减小状态的仅有方案Ⅱ和方案Ⅵ,即仅巷帮钻孔开挖,或巷帮、顶板钻孔同时开挖时。但是,两种方案下巷道围岩变形量的控制效果基本相同。相比于无卸压钻孔,方案Ⅱ巷帮及顶底板变形量分别减小 7.31％、9.25％和 6.28％,方案Ⅳ的则分别减小 8.88％、7.53％和 10.63％。

(3)水平应力场:当采用方案Ⅳ、方案Ⅵ和方案Ⅷ时,巷帮及顶底板变形量相比于无钻孔时的均处于减小状态。除方案Ⅶ时巷帮变形量控制效果较差外,其他变形量减幅均大致相同。从减少钻孔工程量角度考虑,对于水平应力场的巷道,应以开挖顶板垂直钻孔为主。

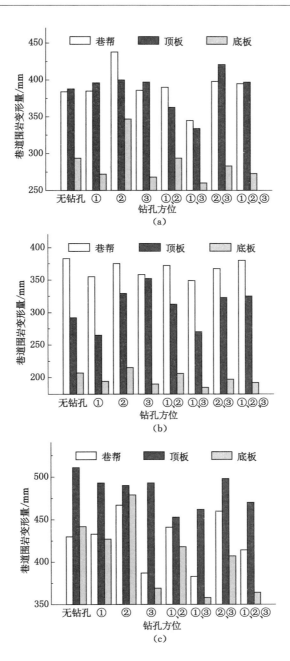

图 3-11 卸压钻孔方位与巷道围岩变形量间的关系

（a）静水应力场；（b）垂直应力场；（c）水平应力场

表 3-4 不同应力场环境、卸压方位下巷道围岩变形量

应力环境	方案	巷道围岩变形量/mm					
		巷帮/mm	变化率	顶板/mm	变化率	底板/mm	变化率
静水应力场	无钻孔	384	—	388	—	294	—
	①	385	0.26%	396	2.06%	272	−7.48%
	②	438	13.92%	400	3.09%	347	18.03%
	③	386	0.52%	397	2.32%	268	−8.84%
	①、②	390	1.55%	363	−6.44%	294	0.00%
	①、③	345	−10.05%	334	−13.92%	260	−11.56%
	②、③	398	3.61%	421	8.51%	283	−3.74%
	①、②、③	395	2.84%	397	2.32%	273	−7.14%
垂直应力场	无钻孔	383	—	292	—	207	—
	①	355	−7.31%	265	−9.25%	194	−6.28%
	②	375	−2.09%	329	12.67%	215	3.86%
	③	358	−6.53%	352	20.55%	190	−8.21%
	①、②	372	−2.87%	313	7.19%	206	−0.48%
	①、③	349	−8.88%	270	−7.53%	185	−10.63%
	②、③	367	−4.18%	323	10.62%	197	−4.83%
	①、②、③	380	−0.78%	325	11.30%	192	−7.25%
水平应力场	无钻孔	430	—	511	—	442	—
	①	433	0.70%	493	−3.52%	427	−3.39%
	②	467	8.60%	490	−4.11%	479	8.37%
	③	387	−10.00%	483	−5.52%	369	−16.52%
	①、②	441	2.56%	453	−11.35%	418	−5.43%
	①、③	383	−10.93%	472	−7.63%	358	−19.00%
	②、③	460	6.98%	498	−2.54%	407	−7.92%
	①、②、③	414	−3.72%	470	−8.02%	364	−17.65%

（4）无论巷道处于何种应力场环境，开挖肩角钻孔对巷道稳定性的维护都非常不利。例如，在静水应力场下，开挖肩角钻孔时，巷帮及顶底板变形量均呈增加状态，其增幅分别为 13.92%、3.09% 和 18.03%；在垂直应力场下，开挖肩角钻孔，虽能一定程度控制巷帮变形，但显著增加了顶板变形量；在水平应力场下，开挖肩角钻孔可控制顶板变形，却增加了巷帮变形量。究其原因，分析如下：

① 如图 3-12(a)所示，当巷道处于垂直应力场环境时，肩角钻孔的开挖，沿巷道走向方向形成一条弱化带，人为增加了一个剪切滑移自由面，钻孔径向应力 σ_r 得到解除。其在巷道垂直和水平方向上的分力分别为 σ_1 和 σ_3。σ_1 的解除减小了肩角围岩对顶板垂直方向的约束力，但增加了 σ_v；σ_3 的解除导致巷道围岩受到水平推力的作用减小，进而增加了肩角围岩主应力差值，导致肩角围岩剪切滑移变形的增加[如图 3-12(c)所示]，从而加剧了顶板围岩的下沉。② 如图 3-12(b)所示，当巷道处于水平应力场环境时，开挖肩角钻孔遵循相同规律，导致顶板下沉量的减小和巷帮变形量的增加。

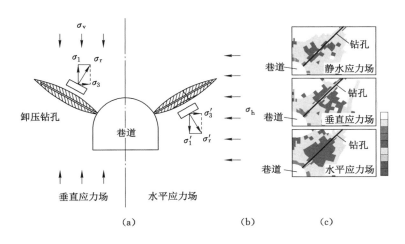

图 3-12　肩角钻孔下巷道围岩受力与塑性区分布

3.2.2.3 卸压钻孔方位的确定方法

基于卸压钻孔方位对巷道围岩应力转移效果及变形控制效果的分析得到：① 巷道处于垂直应力场时，巷帮围岩应力集中程度较高，巷帮围岩变形量大于顶底板的变形量，所以卸压重点应集中在对巷帮垂直应力的转移上，对巷帮开挖水平卸压钻孔，即可有效转移巷帮围岩周边的高应力，控制围岩变形，且钻孔工程量最小。因此，开挖巷帮水平钻孔为垂直应力场巷道的主要卸压方式。② 巷道处于水平应力场时，合理的卸压钻孔方位应以布置顶板垂直钻孔为主。③ 而巷道处于静水应力场环境时，围岩的稳定性受垂直应力和水平应力共同作用，同时开挖巷帮及顶板钻孔可有效转移围岩内部高应力，控制围岩变形。

综上所述，深部巷道卸压钻孔方位的确定应以巷道所处应力环境作为判定依据，合理的卸压钻孔方位应垂直于巷道最大主应力方向布置；对于任何应力环境下的巷道，开挖肩角倾斜钻孔对维护巷道的稳定都极为不利。肩角钻孔对于围岩应力环境的改善效果并不明显,相反增加了肩角围岩的剪切滑移变形,加剧了巷道最大主应力方向围岩的变形,不利于巷道的维护。

分析卸压钻孔方位对巷道围岩稳定性的影响时,受数值建模限制,仅对特定钻孔方位建立了单排钻孔,导致其对巷道围岩变形的控制效果较小。如表 3-4 所示,不同卸压方位下,巷道围岩变形量的减幅最大仅为 20%。为更好地模拟卸压钻孔的卸压效果,研究卸压时机和卸压钻孔参数对巷道围岩稳定性的影响时,基于张双楼矿—1 000 m 西大巷实际所处应力环境,在确定卸压钻孔方位的基础上展开研究,即可取得较好的模拟效果,同时大大缩短了前期建模和运算时间。对于其他应力环境下的巷道,根据其所处应力环境确定卸压钻孔方位,在此基础上建立单方位卸压钻孔模型进行研究即可。

通过对徐州矿区的地应力测量得知徐州矿区东西部应力环境不同,东部矿区(如旗山矿)处于徐宿推覆体的后方,承受比较大的推力作用,以水平构造应力场为主;西部矿区(如夹河矿、张小楼矿)或西北部矿区(如孔庄矿)处于徐宿推覆体的前缘,承受推力的作用很小,以自重应力场为主导。周钢等采用空心包体法在大屯矿区进行了地应力测量,其测量结果如表 3-5 所示。他们研究得出:大屯矿区—780~—380 m 区域内主要受构造主应力的控制,最大主应力处于北东偏北或北西偏北与东西夹角较大,近水平方向上产生南北向的压应力,对东西向巷道维护不利;当处于—800 m 以下的深部时,以自重应力为主,接近垂直方向的主应力基本上与上覆岩层自重应力一致。

表 3-5　　　　　　　　　　大屯矿区地应力测量结果

测点	应力/MPa	应力方向(与坐标轴夹角)/(°)		
		z(南北)	x(东西)	y(东西)
孔庄Ⅲ2采区 —785 m 车场	$\sigma_1 = 23.04$	33.68	66.02	107.21
	$\sigma_2 = 12.55$	122.62	35.91	103.44
	$\sigma_3 = 8.88$	82.51	69.34	22.10
孔庄 15 采区 7195 放水巷	$\sigma_1 = 9.55$	100.02	25.91	113.63
	$\sigma_2 = 7.33$	118.99	73.97	33.90
	$\sigma_3 = 5.38$	30.99	70.20	67.18
姚桥—850 m 下部车场	$\sigma_1 = 22.23$	9.48	80.86	87.51
	$\sigma_2 = 16.00$	99.39	11.98	82.63
	$\sigma_3 = 9.80$	88.73	82.33	172.22

表 3-5(续)

测点	应力/MPa	应力方向(与坐标轴夹角)/(°)		
		z(南北)	x(东西)	y(东西)
姚桥－650 m 东七煤仓	$\sigma_1 = 17.24$	106.03	85.86	16.58
	$\sigma_2 = 13.03$	57.60	32.93	84.77
	$\sigma_3 = 9.84$	142.93	57.40	150.69
徐庄－750 m 水平 东翼轨道大巷	$\sigma_1 = 14.79$	103.83	60.51	146.83
	$\sigma_2 = 8.85$	16.39	75.35	97.20
	$\sigma_3 = 8.51$	98.63	33.60	57.82
徐庄－750 m 水平 Ⅱ-Ⅰ 采区通风下山 1 号	$\sigma_1 = 15.43$	76.44	61.85	148.21
	$\sigma_2 = 12.17$	166.37	84.67	102.51
	$\sigma_3 = 10.27$	91.33	28.74	61.30
徐庄－750 m 水平 Ⅱ-Ⅰ 采区通风下山 2 号	$\sigma_1 = 14.67$	68.81	65.88	146.94
	$\sigma_2 = 8.99$	149.11	60.18	97.33
	$\sigma_3 = 7.02$	68.62	40.05	57.97

张双楼矿位于大屯矿区,因此分析其试验巷道的应力环境时可参照大屯矿区地应力测量结果。通过对地应力测试结果进行坐标变换,可求得水平应力与垂直应力的比值(侧压系数 k)约为 0.8。图 3-13 给出了张双楼矿－1 000 m 西大巷井下实拍照片与围岩变形情况。由图 3-13 可知,巷道变形主要以两帮收敛为主,印证了大屯矿区地应力测试结果取得的结论。研究卸压钻孔时机及钻孔参数对巷道稳定性的影响时,巷道侧压系数 k 取 0.8,以开挖巷帮水平钻孔转移巷帮垂直应力为主,数值计算模型选用模型Ⅱ。

3.2.3　钻孔卸压时机确定方法

研究卸压时机对巷道围岩稳定性的影响时,数值计算模型采用模型Ⅱ,如图 3-14 所示。应力条件与卸压钻孔参数如表 3-6 所示。数值模拟时以巷道开挖后的运算时步表征卸压时机。考虑到运算时步与工程现场无法建立直接联系,需确定一个中间变量将两者联系起来。选取巷帮垂直应力峰值位置作为中间变量,建立应力峰值位置与运算时步间的关系,进而分析卸压时机对巷道稳定性的影响。

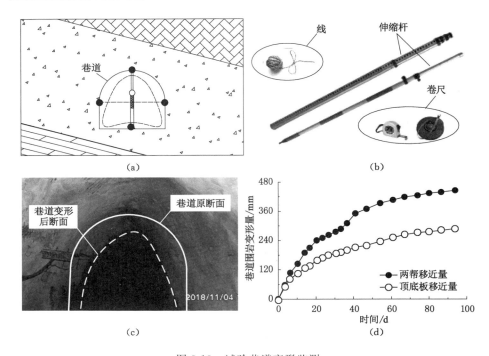

(a)

(b)

(c)

(d)

图 3-13　试验巷道变形监测

表 3-6　　　　　　　　　　　应力条件与卸压钻孔参数

垂直应力/MPa	水平应力/MPa	钻孔直径/mm	钻孔间排距/m	钻孔长度/m
25	20	300	1.2×1.2	10

3.2.3.1 应力峰值位置与运算时步的对应关系

对无卸压钻孔巷道,每间隔 500 时步保存一次运算结果,直至运算平衡(13 000 时步)。巷帮围岩垂直应力分布与运算时步的关系如图 3-15 所示。图 3-16 给出了运算时步与巷帮垂直应力峰值及其位置间的关系曲线。

由图 3-15 和图 3-16 可知,不同运算时步下,巷帮围岩垂直应力演化具有以下规律:① 巷道开挖后,巷帮围岩垂直应力逐渐往深部围岩转移,其应力峰值随之增大。② 巷道开挖初期(即 0~4 500 时步时),巷帮围岩垂直应力峰值及其距巷帮位置均随着运算时步的增加而增大,且增幅明显,为应力调整剧烈期;运算 4 500 时步时,巷帮围岩垂直应力峰值为 36.2 MPa,位于距离巷帮 5.3 m 处;至运算平衡(13 000 时步)后,运算时步增加 8 500 步,巷帮围岩垂直应力峰值仅增加 4 MPa(其增幅为 11%),巷帮围岩垂直应力峰值位置外移 1 m 左右,位于距

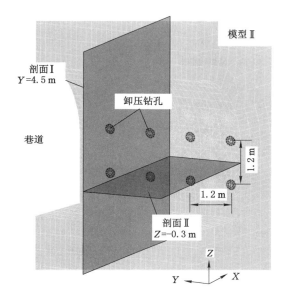

图 3-14　巷帮水平卸压钻孔模型

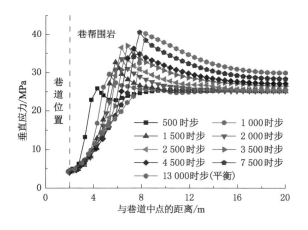

图 3-15　巷帮围岩垂直应力分布曲线

离巷帮 6.3 m 处（其增幅为 19%），为区分应力调整剧烈期，将此阶段称为应力调整趋缓期。

3.2.3.2　卸压时机对巷道稳定性的影响

　　表 3-7 给出了运算时步与巷帮围岩垂直应力峰值及其位置间的对应关系。分析卸压时机对巷道围岩稳定性的影响时，以表 3-7 中所示的时步数作为特征

点设计 8 组数值模拟方案。

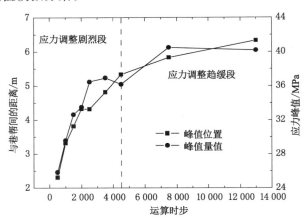

图 3-16　巷帮围岩垂直应力峰值及其位置曲线

表 3-7　　　　　　运算时步与巷帮围岩垂直应力峰值、位置的对应关系

运算时步	500	1 000	1 500	2 000	3 500	4 500	7 500	13 000
峰值位置/m	2.31	3.32	3.82	4.33	4.82	5.33	5.83	6.33
峰值量值/MPa	25.85	29.6	32.64	33.51	36.93	36.19	40.49	40.18
模拟方案	Ⅰ	Ⅱ	Ⅲ	Ⅳ	Ⅴ	Ⅵ	Ⅶ	Ⅷ

　　按表 3-7 所示的模拟方案,分别在模型运算 0 时步、500 时步……13 000 时步(平衡)后,开挖相同参数的卸压钻孔,分析卸压钻孔时机对巷道应力转移及围岩变形控制效果的作用规律。

　　(1)卸压钻孔时机对应力转移效果的影响

　　取图 3-14 中所示的剖面Ⅰ与剖面Ⅱ相交位置围岩绘制巷帮垂直应力曲线,如图 3-17 所示。由图 3-17 可知,不同卸压钻孔时机下,巷帮围岩垂直应力分布具有以下规律:

　　① 巷道无卸压钻孔时,巷帮围岩垂直应力峰值位于距巷帮表面 6 m 处,其峰值为 39.8 MPa;巷道开挖卸压钻孔后,巷帮围岩垂直应力峰值均得到有效转移,巷帮围岩垂直应力峰值及其位置受卸压钻孔时机的影响较小;随着卸压钻孔滞后开挖时步的增加,巷帮围岩垂直应力峰值由 48.5 MPa 逐渐增至 54.1 MPa,其位于距巷帮表面 9.3～10.1 m 处。

　　② 卸压钻孔时机的不同,巷帮围岩原应力峰值位置 $L(\sigma_p)$ 的垂直应力存在

一定的差异。随着卸压钻孔滞后开挖时步的增加，$L(\sigma_p)$ 处的垂直应力逐渐减小，由 29.8 MPa 衰减至 23.1 MPa，其减幅不大。

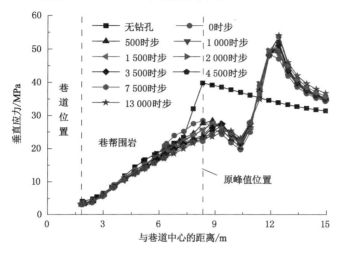

图 3-17　巷帮围岩垂直应力分布曲线

（2）卸压钻孔时机对巷道变形的影响

剖面 I 上巷帮及顶底板位移量如图 3-18 所示。表 3-8 给出了不同卸压钻孔时机对应的巷道围岩变形量。由图 3-18 和表 3-8 可知，不同卸压钻孔时机下，巷道围岩变形破坏具有以下特征：

① 巷道无卸压钻孔时，巷帮及顶底板变形量分别为 437 mm、414 mm 和 320 mm。

② 巷道开挖卸压钻孔后，随着卸压钻孔的滞后开挖时间的增加，巷道围岩变形量逐渐增加。以无卸压钻孔时巷道围岩变形量作为特征值，不同卸压钻孔时机下的围岩变形曲线可分为两个阶段：变形减小段和变形增加段。

③ 巷道开挖以后，卸压钻孔滞后巷道 0～2 500 时步开挖时，巷帮及顶底板变形量虽有小范围波动，但其变形量均小于无钻孔时的；卸压钻孔滞后巷道 2 500～4 500 时步开挖时，巷帮及顶板变形量开始大于无钻孔时的，但其差量不大，底板变形量依然小于无钻孔时的，此时可认为卸压钻孔对控制巷道围岩变形依然存在一定的效果，可将卸压钻孔滞后巷道 4 500 时步开挖的阶段称为变形减小段；当卸压钻孔滞后巷道 4 500～13 000 时步开挖时，巷帮及顶底板变形量均大于无钻孔时的，此阶段内随着钻孔开挖滞后开挖时步的增加，巷道围岩变形量急剧增长，称为变形增加段，在此阶段开挖卸压钻孔，不利于维护巷道围岩的稳定性。

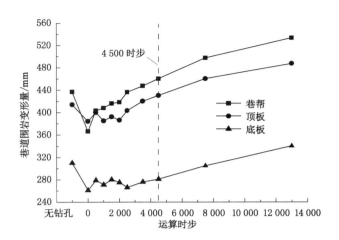

图 3-18   不同卸压钻孔时机下巷道围岩变形曲线

表 3-8   不同卸压时机对应的巷道围岩变形量

变形量	无钻孔	卸压钻孔滞后巷道开挖时步/×10³									
		0	0.5	1	1.5	2	2.5	3.5	4.5	7.5	13
巷帮/mm	437	366	403	408	416	418	436	447	460	497	533
顶板/mm	414	384	400	385	392	386	403	420	430	460	487
底板/mm	310	261	279	271	280	275	266	276	281	311	340

3.2.3.3   卸压钻孔时机确定方法

基于卸压钻孔时机对巷道围岩应力转移及变形控制效果的分析得知,合理的卸压钻孔时机应在巷道开挖后至围岩应力调整趋于稳定之前,即在巷道应力调整剧烈期内开挖卸压钻孔较为合理,卸压钻孔滞后巷道开挖的时间越短,其越能较早地参与围岩应力调整过程,对巷道变形的控制效果越好;当卸压钻孔在巷道围岩应力调整末期或进入应力平衡状态时开挖,由于巷道浅部围岩基本上已经进入极限平衡状态,此时开挖一定深度的卸压钻孔,虽然可一定程度上起到转移围岩高应力的作用,但是卸压钻孔的开挖同时破坏了近乎趋于稳定的浅部围岩结构,在重分布应力的作用下,巷道浅部围岩将继续产生变形,反而对巷道维护不利。现场工程应用中,卸压钻孔应尽量紧跟巷道迎头施工,尽可能实现巷道掘进与卸压钻孔开挖的平行作业,在保证巷道一次支护完成的前提下,越早开挖卸压钻孔,对于控制巷道围岩变形越有利。

3.2.4 卸压钻孔长度确定方法

以上研究了卸压钻孔方位及卸压钻孔时机对巷道围岩稳定性的作用规律，提出了卸压钻孔方位和时机的确定方法。卸压钻孔效果除受卸压钻孔方位和时机的影响外，同时还受卸压钻孔参数（长度、间排距、直径）的影响，从本小节开始将研究卸压钻孔参数对巷道围岩稳定性的影响。分析卸压钻孔长度对巷道围岩稳定性影响时，数值计算模型同样采用模型Ⅱ。卸压钻孔时机确定在巷道开挖后立即开挖，模型基本参数及卸压钻孔长度模拟方案如表 3-9 所示。

表 3-9 模型基本参数及卸压钻孔长度模拟方案

垂直应力/MPa	水平应力/MPa		钻孔直径/mm		钻孔间距/m		钻孔排距/m	
25	20		300		1.2		1.2	
方案	Ⅰ	Ⅱ	Ⅲ	Ⅳ	Ⅴ	Ⅵ	Ⅶ	Ⅷ	Ⅸ
钻孔长度/m	0	2	4	6	8	10	12	14	16

3.2.4.1 卸压钻孔长度对应力转移效果的影响

对开挖不同长度卸压钻孔的模型运算平衡后，如图 3-14 中所示的剖面Ⅰ和剖面Ⅱ相交位置围岩垂直应力如图 3-19 所示。巷帮围岩新应力峰值 σ'_p 及位置 $L(\sigma'_p)$ 与卸压钻孔长度的关系如图 3-20 所示。图 3-21 给出了剖面Ⅰ上围岩垂直应力分布云图。由图 3-19 至图 3-21 可知，不同卸压钻孔长度下，巷帮围岩垂直应力分布具有以下规律：

（1）巷道无卸压钻孔时，巷帮围岩垂直应力峰值位于距巷帮表面 6 m 处，其峰值约为 39.5 MPa。

（2）巷道开挖卸压钻孔后，巷帮浅部围岩的应力得到不同程度的释放，低应力区的范围随之增大。

（3）卸压钻孔长度小于 6 m 时，由于钻孔仅布置在巷帮浅部低应力区内，导致低应力区范围有所增加，但对巷帮围岩垂直应力的整体分布规律基本无影响，巷帮围岩垂直应力峰值依然位于距巷帮 6 m 处，其峰值量值波动极小（处于39～40 MPa 范围内）。钻孔长度大于等于 6 m 时，钻孔已延伸至巷帮应力峰值区，即形成了有效卸压场，应力集中区内的高应力一部分沿钻孔释放，另一部分转移至更深部的稳定围岩中；卸压后，垂直应力峰值位于钻孔端头位置，垂直应力峰值位置转移距离基本与钻孔长度的增幅保持一致，同时，随着钻孔长度的增加，垂直应力峰值量值逐渐减小。

（4）卸压钻孔长度对巷帮垂直应力转移效果的影响，除体现在对新垂直应力峰值位置 $L(\sigma'_p)$ 的影响外，对巷帮原垂直应力峰值处 $L(\sigma_p)$ 的应力影响也比较显著。如图 3-19 所示，当卸压钻孔长度由 4 m 增加至 6 m 后，原垂直应力峰值位置 $L(\sigma_p)$ 处的垂直应力由 39 MPa 迅速衰减至 17.38 MPa；之后随着卸压钻孔长度的继续增加，$L(\sigma_p)$ 处的垂直应力进一步衰减至 15.3 MPa；然后其基本保持不变。

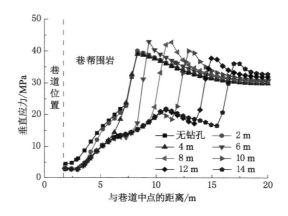

图 3-19　巷帮围岩垂直应力分布曲线

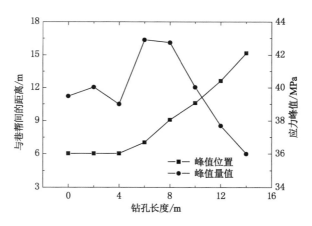

图 3-20　巷帮围岩垂直应力峰值与位置

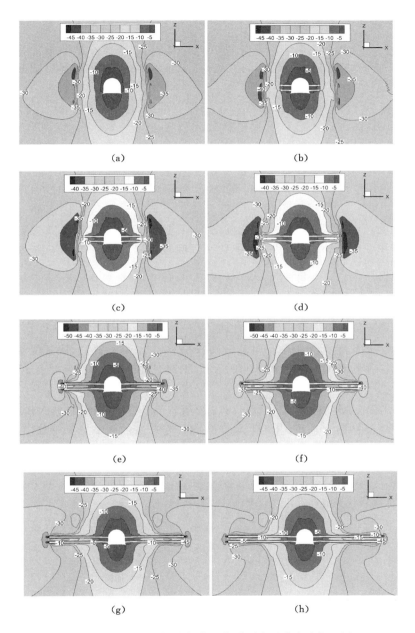

图 3-21 不同卸压钻孔长度下巷道围岩垂直应力场云图

(a) 无钻孔；(b) 2 m；(c) 4 m；(d) 6 m；(e) 8 m；(f) 10 m；(g) 12 m；(h) 14 m

3.2.4.2　卸压钻孔长度对巷道变形的影响

对不同卸压钻孔长度下的模型,取剖面Ⅰ位置的巷帮及顶底板位移量绘制如图 3-22 所示的曲线。由图 3-22 可知,不同卸压钻孔长度下,巷道围岩变形量具有以下规律。

(1)巷道无卸压钻孔时,巷帮及顶底板变形量分别为 417 mm、404 mm 和 320 mm。

(2)随着卸压钻孔长度的增加,巷帮、顶底板变形曲线均呈现"先增加→后减小→再增加"的整体变化规律。

(3)巷帮变形量"增加→减小"的拐点出现在钻孔长度 2 m 时,而顶底板变形量"增加→减小"的拐点出现在钻孔长度 6 m 时。分析其原因主要与巷道卸压方位有关。巷道围岩变形是一个随时间演进的过程,巷帮钻孔首先给巷帮围岩提供体积变形的补偿空间,之后演化至顶底板围岩,并形成对顶底板变形的有效控制。

(4)卸压钻孔长度大于 6 m 后,随着卸压钻孔长度的增加,巷帮、顶底板变形量均呈减小趋势。

(5)巷帮及顶板变形量在钻孔长度为 10 m 时达到最小值,分别为 365 mm 和 383 mm,相比于无卸压钻孔时的分别减小 12.5% 和 5.2%。底板变形量最小值则出现在钻孔长度 12 m 时,其变形量为 244 mm,相比于无钻孔时的减小 23.8%。

(6)当卸压钻孔长度大于 12 m 以后,随着卸压钻孔长度的进一步增大,巷道围岩变形量呈增加趋势,其中巷帮及顶底板变形量的增幅远大于巷道底板的。

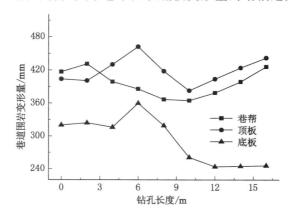

图 3-22　巷道围岩变形与卸压钻孔长度间的关系曲线

3.2.4.3 卸压钻孔长度确定方法

基于上述分析,从应力转移角度来讲,当卸压钻孔长度 L 大于无钻孔时垂直应力峰值位置 $L(\sigma_p)$ 时,应力转移效果开始出现,巷帮原应力峰值区内的应力将产生大幅衰减;之后随着卸压钻孔长度的增加,$L(\sigma_p)$ 处应力不再产生变化;而应力转移后产生的新垂直应力峰值位置 $L(\sigma'_p)$ 则随着卸压钻孔长度的增加逐渐向深部围岩转移,垂直应力峰值转移距离与卸压钻孔长度基本呈线性关系增长。为方便表述,以卸压钻孔长度 L 与无钻孔时围岩应力峰值距巷道表面的距离 $L(\sigma_p)$ 的比值 $L/L(\sigma_p)$ 作为评价指标,则保证巷道围岩周边高应力得到有效转移的基本条件为 $L/L(\sigma_p) \geqslant 1$。

通过不同卸压钻孔长度对巷道围岩变形量的作用规律分析可以得到:① 当 $L/L(\sigma_p) < 1$ 时,巷道围岩变形量不减反增,主要是由于卸压钻孔长度不能有效转移巷道围岩周边的高应力,且卸压钻孔的开挖破坏了浅部围岩结构的完整性,导致巷道浅部围岩承载能力的降低,在围岩内部高应力的作用下,巷道变形量逐渐增加,此时不利于维护巷道围岩的稳定性。② 当 $1 \leqslant L/L(\sigma_p) < 2$ 时,卸压钻孔可有效转移巷道周边高应力,同时卸压钻孔可为围岩的膨胀变形提供足够的补偿空间,有效控制巷道变形,卸压钻孔长度处于此范围内时,卸压效果最好。③ 当 $L/L(\sigma_p) \geqslant 2$ 后,卸压钻孔长度的增加仅体现在改变巷道垂直应力峰值位置方面,对于巷道原垂直应力峰值处 $L(\sigma_p)$ 的应力并无明显的改善。卸压钻孔长度的增加无疑延长了巷道围岩应力的调整时间,导致巷道不稳定时间的增长,反而不利于控制围岩变形,且增加了巷道钻孔工程量。综上所述,深部巷道合理的卸压钻孔长度的取值范围应为 $1 \leqslant L/L(\sigma_p) < 2$。

3.2.5 卸压钻孔间排距确定方法

分析卸压钻孔间排距对巷道围岩稳定性的影响时,数值计算模型采用模型 Ⅱ,卸压钻孔长度为 9 m[$L/L(\sigma_p) = 1.5$],卸压钻孔滞后巷道开挖时间为 0。采用单一变量法分析卸压钻孔间排距对巷道围岩稳定性的影响,即讨论卸压钻孔排距对巷道围岩稳定性的影响时,固定钻孔间距;反之,亦然。

3.2.5.1 卸压钻孔排距确定方法

模型基本参数及卸压钻孔排距模拟方案如表 3-10 所示。受计算机运算性能限制,建模时模型 Ⅱ 的 Y 方向仅划分 9.6 m。分析卸压钻孔排距对巷道围岩稳定性的影响时,除去避免模型边界效应的尺寸外,剩余模型尺寸不足以保证等量开挖不同排距的卸压钻孔,模拟时通过变换卸压钻孔位置及数量实现不同钻孔排距的模拟,计算完成后,仅需选择相邻两孔中部围岩进行分析即可。

表 3-10	模型基本参数及卸压钻孔排距模拟方案							
垂直应力/MPa		水平应力/MPa		钻孔直径/mm		钻孔间距/m		钻孔长度/m
25		20		300		1.2		9
方案	I	Ⅱ	Ⅲ	Ⅳ	Ⅴ	Ⅵ	Ⅶ	Ⅷ
钻孔排距/m	无钻孔	0.6	1.2	1.8	2.4	3.0	3.6	4.2

（1）钻孔排距对应力转移效果的影响

沿相邻卸压钻孔中心位置作 X-Z 剖面。以取剖面上巷帮围岩垂直应力,绘制如图 3-23 所示的曲线。图 3-24 给出了不同钻孔排距下巷道围岩垂直应力分布云图。由图 3-23 和图 3-24 可知,不同卸压钻孔排距下,巷帮围岩垂直应力分布具有以下规律。

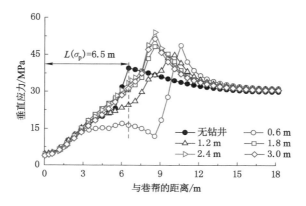

图 3-23　巷帮垂直应力分布曲线

① 无卸压钻孔时,巷帮垂直应力峰值位于距巷帮表面 6 m 处,其峰值为约 39.5 MPa;巷道开挖不同排距的卸压钻孔后,巷帮围岩高应力得到不同程度的卸载转移,主要体现在巷帮垂直应力峰值转移及原应力峰值位置应力衰减等方面。

② 随着卸压钻孔排距减小,巷帮应力卸压程度逐渐增大,巷帮垂直应力峰值愈加远离巷帮表面;当钻孔排距为 0.6～1.8 m 时,巷帮围岩高应力的转移效果最为明显,钻孔排距由 1.8 m 减小至 0.6 m 时,巷帮应力峰值位置 $L(\sigma'_p)$ 由 8 m 增加至 10.1 m,巷帮原应力峰值位置 $L(\sigma_p)$ 的垂直应力则由 30.6 MPa 减小至 16.3 MPa;钻孔排距大于 1.8 m 后,巷帮垂直应力峰值位置及量值变化趋于稳定,其峰值位置位于距巷帮 8 m 处,其量值维持在 49～54 MPa,且 $L(\sigma_p)$ 处垂直应力变化同样趋于稳定,由 33.5 MPa 衰减至 28.8 MPa 后,其减幅较小。

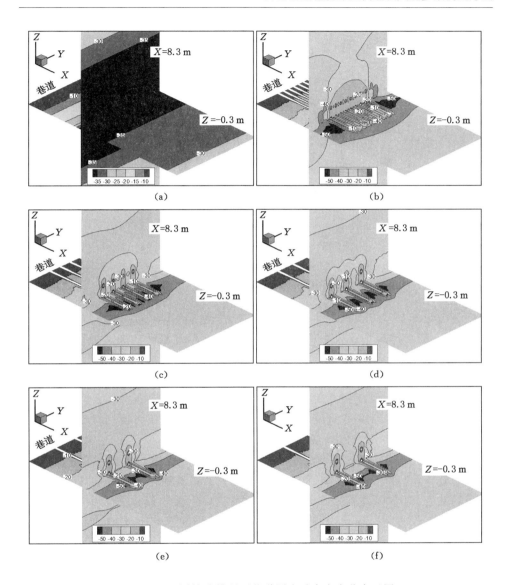

图 3-24　不同钻孔排距下巷道围岩垂直应力分布云图

(a) 无钻孔；(b) 0.6 m；(c) 1.2 m；(d) 1.8 m；(e) 2.4 m；(f) 3.0 m

③ 在卸压钻孔有效排距范围(0.6～1.8 m)内，随着卸压钻孔排距的减小，巷帮原应力峰值位置 $L(\sigma_p)$ 的垂直应力逐渐降低，垂直应力转移程度也就越高，垂直应力调整后产生的新应力峰值位置 $L(\sigma'_p)$ 愈加远离巷帮表面。这表明卸压效果越好。

（2）钻孔排距对巷道变形的影响

图 3-25 给出了不同钻孔排距下巷帮及顶底板位移变形量图。由图 3-25 可知，不同卸压钻孔排距下，巷道围岩变形具有以下特征。

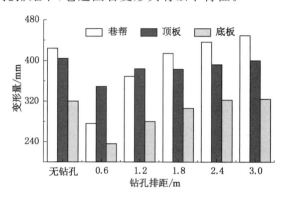

图 3-25　不同钻孔排距下巷帮及顶底板位移变形量

巷道无卸压钻孔时，巷帮与顶底板变形量分别为 424 mm、404 mm 和 320 mm。随着卸压钻孔排距的增大，巷道围岩变形量逐渐增加。当钻孔排距小于 1.8 m 时，巷帮及顶底板变形量均小于无卸压钻孔时的。当钻孔距为 0.6 m 时，巷道围岩变形量最小，巷帮及顶底板变形量分别为 276 mm、349 mm 和 236 mm，相比于无卸压钻孔时，其分别减小 35％、13.7％ 和 26％。当钻孔排距大于 1.8 m 时，巷帮变形量开始大于无卸压钻孔时的，顶底板则在钻孔排距为 3 m 时，出现巷帮变形量的增量大于顶底板的。

综上所述得知，当钻孔排距小于 1.8 m 时，对巷道围岩变形量的控制存在较好的效果，可以认为 1.8 m 为该条件下的最大卸压钻孔排距。随着卸压钻孔排距的减小，对巷道围岩变形量的控制效果越好。由于模拟方案中小于 1.8 m 的钻孔排距仅有 1.2 m 和 0.6 m，且均可有效减小围岩变形量，因此无法确定卸压钻孔的最小排距。

分析卸压钻孔排距进一步减小对巷道围岩稳定性的影响，可通过增加卸压钻孔直径的方法来实现。即确定卸压钻孔排距为 0.6 m 后，分别开挖直径为 300 mm 和 400 mm 的卸压钻孔。定义卸压钻孔直径 R 与钻孔排距 m 的比值为径排比（R/m）。直径 R 越大，则 R/m 越大。通过增大 R/m，实现卸压钻孔排距进一步减小的模拟。当 $m=0.6$ m，$R=0.3$ m 和 0.4 m 时，卸压钻孔的径排比 R/m 分别为 1∶2 和 2∶3。图 3-26 给出了不同径排比下巷帮围岩垂直应力分布曲线。表 3-11 给出了不同径排比下巷帮及顶底板的变形量。

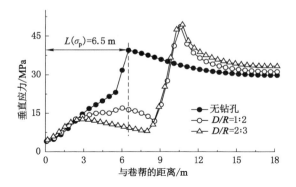

图 3-26　不同径排比下巷帮垂直应力分布

表 3-11　　　　　　　　　　不同径排比下巷帮及顶底板变形量

方案	巷帮变形量/mm	顶板变形量/mm	底板变形量/mm
无钻孔	424	404	320
径排比为 1∶2	276	349	236
径排比为 2∶3	303	413	236

由图 3-26 和表 3-11 可知,卸压钻孔的径排比(R/m)由 1∶2 增加至 2∶3 时,巷帮原应力峰值位置 $L(\sigma_p)$ 的垂直应力进一步得到释放和转移,垂直应力由 16.3 MPa 减小至 9.52 MPa;而巷帮应力峰值位置 $L(\sigma_p')$ 仅由 10.1 m 转移至 10.6 m,其峰值由 48.7 MPa 增加至 50.3 MPa,其转移幅度较小。随着 R/m 的增加,巷帮及顶板变形量不减反增。尤其是巷道顶板下沉量,由 349 mm 急剧增加至 413 mm,已经大于无钻孔时的顶板下沉量。底板变形量基本无变化。据此可认为:此时由于卸压过度,巷帮结构的完整性已遭到破坏,诱发了顶板的整体下沉,造成巷帮及顶板变形量的急剧增加。因此,从转移围岩应力和控制巷道变形两方面综合考虑,可以总结得到巷道非充分卸压、充分卸压及过度卸压分别对应的钻孔排距。

① 巷道非充分卸压:钻孔排距>1.8 m。

② 巷道充分卸压:0.6 m≤钻孔排距≤1.8 m。

③ 巷道过度卸压:钻孔排距<0.6 m。

不同巷道卸压程度对应的钻孔排距取值范围及典型排距对应的巷帮应力分布、围岩变形云图如表 3-12 所示。

表 3-12 巷道卸压程度分类

卸压状态	对应排距	举例	巷帮应力分布	巷道围岩变形云图
非充分卸压	$R>1.8$ m	$R=3.0$ m	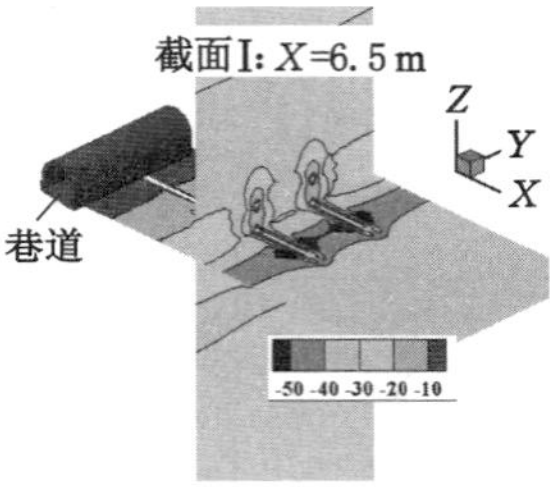	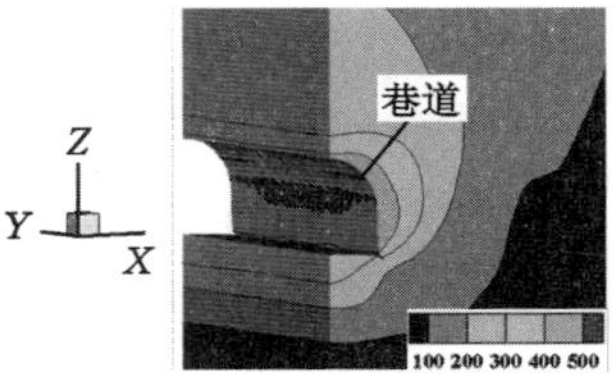
充分卸压	0.6 m$\leqslant R\leqslant$ 1.8 m	$R=1.2$ m	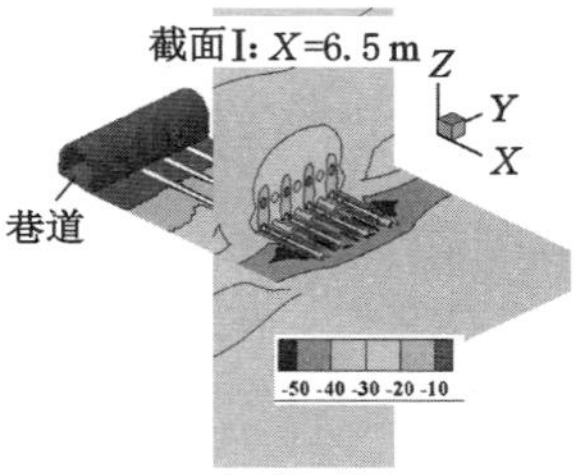	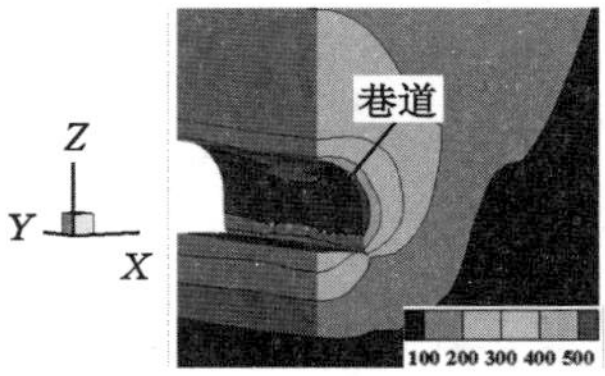
过度卸压	$0<R<$ 0.6 m	$R/m=2:3$	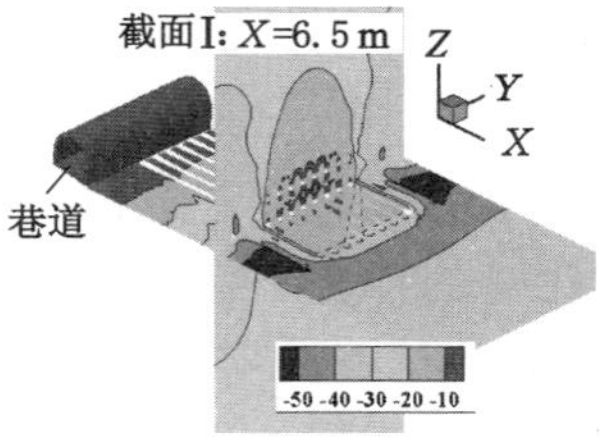	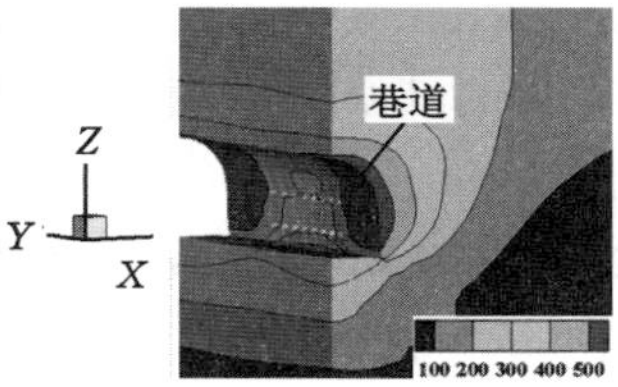

（3）卸压钻孔排距确定方法

通过上述研究得到，卸压钻孔排距处于 0.6～1.8 m 范围时，不仅可以有效转移巷道周边高应力，对于减小围岩变形量还具有较好的效果，此范围可以保证巷道处于充分卸压状态。在现场工程应用中，影响钻孔卸压效果的因素太多。对于不同条件下的巷道开挖相同参数的卸压钻孔，其效果往往相差很大。因此仅靠以上数值计算取得的卸压钻孔排距不具有一般适用性，需提出一种合理卸压钻孔排距确定的评价指标。由钻孔卸压原理得知，卸压钻孔主要用于转移巷道应力增高区内的高应力,可以通过对不同钻孔排距下巷道原应力峰值位置 $L(\sigma_p)$ 的应力分布规律的分析,提出合理卸压钻孔排距的确定原则。

① 巷帮原应力峰值位置 $L(\sigma_p)$ 的应力分布规律

分别对模型巷帮原应力峰值位置作 Y-Z 剖面。以剖面上相邻孔间垂直应力绘制如图 3-27 所示的应力曲线。由图 3-27 可知,不同钻孔排距下,相邻两孔间围岩垂直应力分布具有以下特征。

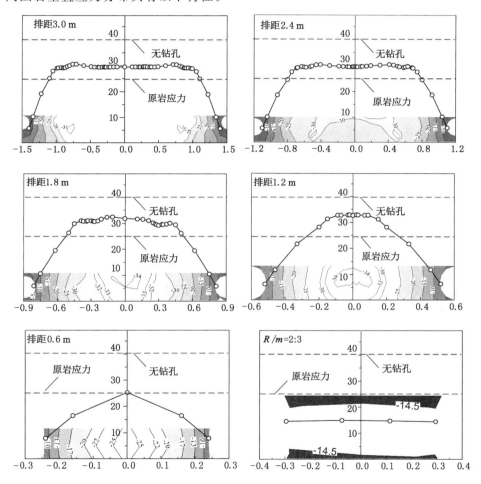

图 3-27 不同钻孔排距下相邻两孔间围岩垂直应力分布

(a) 非充分卸压:当钻孔排距>1.8 m 时,相邻两钻孔间围岩中的垂直应力均出现两个应力峰值,围岩应力均小于无钻孔时的,且大于原岩应力。

(b) 充分卸压：当 0.6 m≤钻孔排距≤1.8 m 时，相邻两钻孔间围岩垂直应力峰值叠加在一起，形成一个垂直应力峰值，并随着钻孔排距的减小，这个垂直应力峰值随之减小，但均大于原岩应力。

(c) 过度卸压：当钻孔排距<0.6 m 时，相邻两钻孔间围岩垂直应力急剧衰减，小于原岩应力，垂直应力峰值仅为 15 MPa。

② 不同钻孔排距下巷帮塑性区分布规律

分别对模型巷帮钻孔位置作 X-Y 剖面。图 3-28 给出了无钻孔时，钻孔排距为 1.2 m、2.4 m 和 3.6 m 时的巷帮塑性区分布图。由图 3-28 可知，不同钻孔排距下，巷帮塑性区分布具有以下规律。

巷道无卸压钻孔时，距表面 0.5 m 范围内的围岩以张拉破坏为主，距表面 0.5～5.5 m 范围内的围岩则以剪切破坏为主；巷道开挖卸压钻孔后，巷帮围岩剪切破坏区由 5.5 m 扩展至 9 m（钻孔末端）位置处，并依据卸压钻孔排距的不同，塑性区分布存在较大差异。巷道充分卸压（排距 1.2 m）时，卸压钻孔间塑性区相互叠加，且原应力集中位置相邻两孔间存在小范围的塑性破坏恢复区。该区域可理解为在计算过程中围岩曾进入过屈服状态，现已退出，具有一定的承载能力。随着卸压钻孔排距的增大，卸压状态由充分卸压转变为非充分卸压，孔间塑性恢复区的面积急剧增加，其承载能力的增强从而降低了应力转移效果。

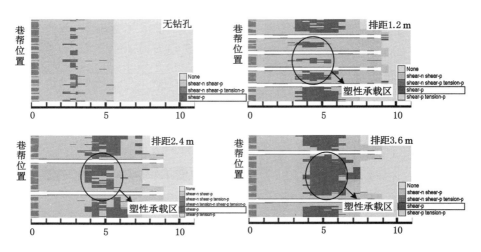

图 3-28　不同钻孔排距下巷帮塑性区分布

③ 卸压钻孔排距确定方法

不同条件下的巷道开挖后，可以首先确定的是无卸压钻孔时巷道应力峰值位置 $L(\sigma_p)$。确定合理的卸压钻孔排距时，采用巷道原应力峰值位置 $L(\sigma_p)$ 沿巷道走向相邻两孔间的应力作为判定指标。当相邻两孔间垂直应力峰值相互叠加,形成垂直应力单峰值曲线,且垂直应力峰值大于巷道围岩的原岩应力时,可认为巷道进入充分卸压状态。此时,既能保证相邻两孔之间的围岩具有一定的承载能力,又可有效地转移巷道围岩周边高应力,控制巷道变形。

3.2.5.2 卸压钻孔间距确定方法

上面分析了卸压钻孔排距对巷道围岩稳定性的影响,提出了卸压钻孔排距的确定方法。可以采用相同方法,固定卸压钻孔排距,分析卸压钻孔间距对巷道围岩稳定性的影响规律。受巷道断面尺寸限制,卸压钻孔间距一般不会布置太大,且卸压钻孔间距大小直接关影响卸压钻孔的布置数量。模拟分析卸压钻孔间距对巷道围岩稳定性的影响时,设计无钻孔,单排钻孔,钻孔间距为 1.8 m、1.2 m 和 0.6 m 五种模拟方案。数值计算模型采用模型Ⅱ。该模型基本参数及模拟方案如表 3-13 所示。

表 3-13　　　　　　　　　模型Ⅱ基本参数及模拟方案

垂直应力/MPa	水平应力/MPa		钻孔直径/mm	钻孔排距/m		钻孔长度/m
25	20		200	1.2		9
方案	Ⅰ	Ⅱ	Ⅲ	Ⅳ	Ⅴ	—	—	—
钻孔间距/m	无钻孔	单排钻孔	1.8	1.2	0.6	—	—	—

(1) 钻孔间距对应力转移效果的影响

沿相邻卸压钻孔中心位置作 X-Z 剖面。以剖面上巷帮孔间围岩垂直应力(无钻孔及单排孔时取 $Z = -0.3$ m 位置的垂直应力)绘制垂直应力曲线。图 3-29(f)所示给出了巷帮垂直应力峰值位置 $L(\sigma_p')$、原应力峰值位置 $L(\sigma_p)$ 的垂直应力与钻孔间距的关系。图 3-29(a)~(e)给出了不同卸压钻孔间距下,X-Z 剖面上垂直应力分布云图。由图 3-29 可知,不同钻孔间距下,巷道围岩垂直应力分布具有以下规律。

① 巷道无卸压钻孔时,巷帮垂直应力峰值距巷帮表面 6 m,垂直应力峰值为 39.9 MPa;巷道开挖单排钻孔时,垂直应力峰值距巷帮表面 8.1 m,垂直应力峰值为 37.3 MPa;卸压钻孔间距为 1.8 m 时,垂直应力峰值进一步转移至围岩深部 9.6 m 处,且随着钻孔间距的继续减小,垂直应力峰值位移基本稳定,垂直应力峰值量值存在小幅波动。

② 巷道原应力峰值位置 $L(\sigma_p)$ 的垂直应力随着钻孔间距的减小而逐渐减小。巷帮开挖单排钻孔时,$L(\sigma_p)$ 处的垂直应力减小至 34.5 MPa,但其无法对巷帮整个应力峰值区形成有效转移[如图 3-40(b)所示],巷道依然处于高应力作

用下。钻孔间距由 1.8 m 减小至 1.2 m 时，$L(\sigma_\mathrm{p})$ 处的垂直应力继续减小，由 29.9 MPa 减小至 25.3 MPa，均大于原岩应力，巷帮应力集中区明显减小，并向围岩深部转移。钻孔间距减小至 0.6 m 时，$L(\sigma_\mathrm{p})$ 处的垂直应力骤减至 12.7 MPa。

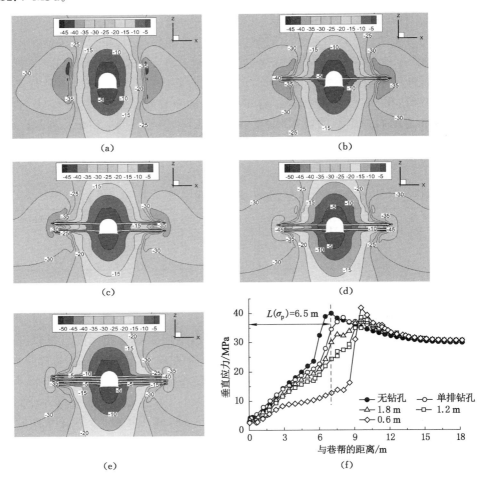

图 3-29　不同钻孔间距下巷道围岩垂直应力云图

(a) 无钻孔；(b) 单排钻孔；(c) 1.8 m；(d) 1.2 m；(e) 0.6 m；(f) 钻孔间距与垂直应力的关系

(2) 钻孔间距对巷道变形的影响

图 3-30 给出了不同卸压钻孔间距下巷帮及顶底板变形量。由图 3-30 可知，不同卸压钻孔间距下，巷道围岩变形量具有以下规律。

巷道无卸压钻孔时，巷帮及顶底板变形量分别为 424 mm、404 mm 和

320 mm。巷帮开挖单排钻孔时,巷帮及顶板变形量均出现增大现象,两者的变形量分别为 475 mm、415 mm,相比于无钻孔时分别增加 12％ 和 3％;底板变形量约为 300 mm,相比于无钻孔时减小 6.25％。对巷帮开挖多排钻孔时,随着钻孔间距的减小,巷道围岩变形量"先减小、后增大",其拐点出现在钻孔间距1.2 m 处。钻孔间距为 1.8 m 和 1.2 m 时,巷道围岩变形量均小于无卸压钻孔时的;其中,巷帮及顶板变形量相差不大;巷帮变形量分别为 396 mm 和385 mm,相比于无钻孔时减小 6.6％ 和 9.2％;顶板变形量均为 384 mm,相比于无钻孔时减小 5％;底板变形量则随着钻孔间距的减小,其变化幅度较大,底板变形量分别为 275 mm 和 247 mm,相比于无钻孔时分别减小 14.1％ 和 22.8％。卸压钻孔间距减小至 0.6 m 后,巷道围岩变形量开始增加,尤其是顶板变形量已经大于无卸压钻孔时的,这表明此时巷道已经进入过度卸压状态。

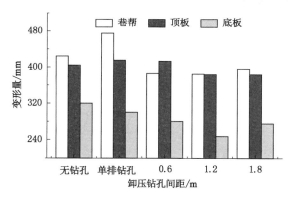

图 3-30 不同卸压钻孔排距下巷帮及顶底板变形量

综上分析得知,巷帮开挖单排卸压钻孔时,巷帮周边高应力的转移并不充分,只是增加了巷道围岩变形量,此时巷道处于非充分卸压状态;卸压钻孔间距小于 1.2 m 时,巷帮垂直应力峰值 σ_p' 及其位置 $L(\sigma_p')$ 的影响不再明显,而原应力峰值位置 $L(\sigma_p)$ 的应力由 25.3 MPa 迅速衰减至 12.7 MPa,巷道围岩变形量也随之增加,这表明此时巷道已进入过度卸压状态。因此,从转移围岩应力和控制巷道变形两方面综合考虑,可以总结得到巷道非充分卸压、充分卸压及过度卸压分别对应的钻孔间距。

① 巷道非充分卸压:钻孔排距＞1.8 m。

② 巷道充分卸压:1.2 m≤钻孔排距≤1.8 m。

③ 巷道过度卸压:钻孔排距＜1.2 m。

(3) 卸压钻孔间距确定方法

　　上述内容提出了卸压钻孔排距的确定方法。当相邻两孔间垂直应力峰值相互叠加，形成垂直应力单峰值曲线，且垂直应力峰值量值大于巷道围岩的原岩应力时，可以认为巷道进入充分卸压状态。此原则是否对卸压钻孔间距的确定同样适用，需要讨论不同卸压钻孔间距下巷帮原应力峰值位置 $L(\sigma_p)$ 的垂直应力分布规律。以 X-Z 剖面上 $L(\sigma_p)$ 处相邻钻孔间的围岩垂直应力绘制如图 3-31 所示的曲线。由图 3-31 可知，当卸压钻孔间距处于充分卸压时（1.2 m≤钻孔间距≤1.8 m），$L(\sigma_p)$ 处的垂直应力相互叠加后，仅存在一个垂直应力峰值，且垂直应力峰值量值均大于原岩应力（25 MPa）；巷道处于过度卸压时（钻孔间距 0.6 m），$L(\sigma_p)$ 处相邻两孔间应力峰值急剧减小，远小于原岩应力，因此可得，卸压钻孔排距的确定原则对于确定卸压钻孔间距同样适用。

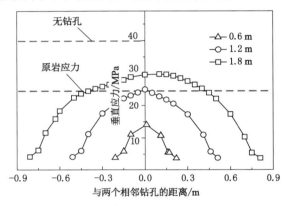

图 3-31　不同钻孔间距下钻孔间围岩垂直应力分布曲线

3.2.6　卸压钻孔直径确定方法

　　上面提出的卸压钻孔间排距的确定方法，是在钻孔直径确定的基础上提出的。由理论分析得知，在相同条件下，卸压钻孔直径不同，其单孔作用半径存在较大差异。同样，在数值计算过程中，卸压钻孔直径的改变必然引起钻孔作用范围的改变，计算得到的卸压钻孔间排距也不尽相同。卸压钻孔直径是确定钻孔间排距的基础。

　　为验证上述结论的准确性，选择处于充分卸压状态下某一特定间排距及其对应的钻孔直径（如 1.2 m×1.8 m 钻孔间排距、300 mm 钻孔直径），以该条件作为特征条件，通过改变卸压钻孔直径，分析其对钻孔卸压效果的影响。卸压钻孔直径模拟方案如表 3-14 所示。

表 3-14　　　　　　　　　　卸压钻孔直径模拟方案

垂直应力/MPa	水平应力/MPa		钻孔排距/m	钻孔间距/m		钻孔长度/m
25	20		1.2	1.8		9
方案	I	II	III	IV	V	—	—	—
钻孔直径/mm	无钻孔	100	200	300	400	—	—	—

3.2.6.1　钻孔直径对应力转移效果的影响

分别沿相邻钻孔中心位置作 X-Z 剖面。以剖面上巷帮垂直应力绘制如图 3-32 所示的曲线。如图 3-32 所示，不同卸压钻孔直径下，巷帮围岩垂直应力分布具有以下规律。

巷道无卸压钻孔时，巷帮垂直应力峰值为 39.8 MPa，位于距巷帮表面 6 m 处。卸压钻孔直径为 300 mm 时，由初始条件可知，巷道处于充分卸压状态，巷帮垂直应力峰值转移至距巷帮表面 9.6 m 处，巷帮垂直应力峰值约为 41.7 MPa，巷道原应力峰值位置 $L(\sigma_\mathrm{p})$ 的垂直应力衰减至 15.5 MPa；$L(\sigma_\mathrm{p})$ 处的垂直应力随钻孔直径的增加而呈近似负指数关系衰减。卸压钻孔直径为 100 mm 时，巷帮垂直应力峰值位置距巷帮表面 7.1 m，$L(\sigma_\mathrm{p})$ 处垂直应力约为 23.6 MPa。卸压钻孔直径由 300 mm 增加至 400 mm 时，巷帮垂直应力峰值位置 $L(\sigma_\mathrm{p}')$ 及原应力峰值位置 $L(\sigma_\mathrm{p})$ 的垂直应力的影响基本趋于稳定；$L(\sigma_\mathrm{p}')$ 由 9.6 m 增加至 10.1 m，其增幅仅为 0.5 m；$L(\sigma_\mathrm{p})$ 处的垂直应力则由 15.5 MPa 衰减至 14.3 MPa。

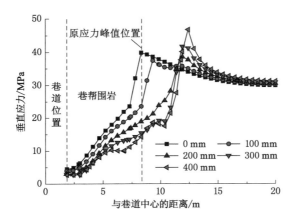

图 3-32　巷帮垂直应力分布曲线

3.2.6.2 钻孔直径对孔间围岩应力分布的影响

沿巷道走向,以相邻钻孔间围岩垂直应力绘制如图 3-33 所示的曲线。由图 3-33 可知,不同卸压钻孔直径下,相邻孔间围岩垂直应力分布具有以下规律。

巷道无卸压钻孔时,孔间围岩各点的垂直应力基本相等,约为 39.8 MPa,呈近似直线分布。卸压钻孔直径为 300 mm 时,巷道处于充分卸压状态,巷帮原应力峰值位置 $L(\sigma_p)$ 相邻孔间围岩的应力峰值相互叠加,形成应力单峰曲线,垂直应力峰值约为 34.1 MPa,大于原岩应力 25 MPa。随着卸压钻孔直径的减小,相邻孔间围岩的垂直应力分布由单峰曲线向双峰曲线转变。卸压钻孔直径为 200 mm 时,相邻孔间围岩的垂直应力曲线形成两个峰值,但特征不明显。当卸压钻孔直径进一步减小至 100 mm 后,相邻孔间围岩的垂直应力曲线的“双峰”特征明显。按照卸压钻孔排距的确定原则,此时巷道由充分卸压状态向非充分卸压状态的转变。当卸压钻孔直径由 300 mm 增加至 400 mm 时,相邻孔间围岩垂直应力分布曲线规律相似,均呈单峰分布,其区别在于相邻孔间围岩的垂直应力集中程度有所降低,相邻孔间围岩的垂直应力峰值由 34.1 MPa 减小至 32.6 MPa,大于原岩应力;此时,巷道仍未进入过度卸压状态。

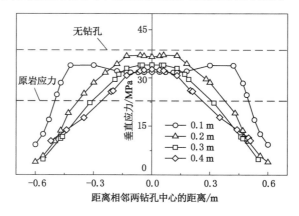

图 3-33 不同钻孔直径下孔间围岩垂直应力分布曲线

3.2.6.3 钻孔直径对巷道变形的影响

由上述分析得知,卸压钻孔直径小于 300 mm 时,巷道卸压状态由充分卸压转变为非充分卸压。钻孔直径为 400 mm 时,巷道仍处于充分卸压状态。下面从卸压钻孔直径对围岩变形量控制的角度出发,验证上述结论的正确性。以相邻两钻孔间围岩位移绘制如图 3-34 所示的变形图。由图 3-34 可知,不同卸压钻孔直径下,巷道围岩变形具有以下规律。

巷道无卸压钻孔时,巷帮及顶底板变形量分别为 417 mm、404 mm 和 320 mm。卸压钻孔直径为 300 mm 时,巷道处于充分卸压状态,巷帮及顶底板变形量分别为 395 mm、374 mm 和 280 mm,相比于无钻孔时的减小 5.3%、7.4% 和 12.5%。当卸压钻孔直径小于 300 mm 后,除钻孔直径为 200 mm 时,顶板变形量小于无钻孔时的,其他变形量均大于后者。钻孔直径为 100 mm 时,巷帮及顶底板变形量分别为 448 mm、407 mm 和 345 mm,相比于无钻孔时,顶板变形量增加较小,巷帮及底板变形量增加 7.4% 和 7.8%。卸压钻孔直径由 300 mm 增加至 400 mm 时,巷道围岩变形量仍处于减小状态,但其减幅在趋缓。上述分析从控制围岩变形量方面验证了卸压钻孔直径对巷道卸压状态的影响。在钻孔间排距确定的前提下,钻孔直径的减小,将显著降低巷道卸压效果。

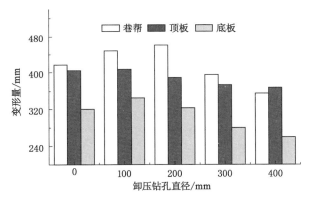

图 3-34　钻孔直径与巷帮围岩变形量的关系

3.2.6.4　卸压钻孔直径确定方法

综上分析得知,在卸压钻孔间排距确定的前提下,改变卸压钻孔直径对巷道卸压效果的影响是非常明显的。巷道处于充分卸压状态时,减小钻孔直径可使巷道卸压效果向非充分卸压转变;同样,增大钻孔直径,将导致巷道卸压状态向过度卸压转变。卸压钻孔直径是确定卸压钻孔间排距的基础。卸压钻孔直径越大,其单孔作用半径将显著增加,此时,保证巷道处于充分卸压状态所需的间排距可适当加大;反之,其可适当减小。因此,确定卸压钻孔间排距之前,应首先确定卸压钻孔的直径。

目前,煤矿井下使用的大孔径卸压钻孔直径一般为 100～300 mm。决定卸压钻孔直径的主要因素为钻机功率。依据可查到的文献资料,现有矿用坑道钻机最大钻进直径为 400 mm。因此,在确定卸压钻孔直径时,可根据矿井钻机功率确定。在钻机功率满足的条件下,应尽可能地增加钻孔直径,扩大卸压钻孔的单孔作用半径,从而增加卸压钻孔的间排距,减小钻孔工程量。

3.3 本章小结

本章基于室内试验结果,采用嵌入围岩强度衰减规律的数值计算模型,研究了卸压钻孔方位、卸压时机以及钻孔参数(长度、直径及间排距)对深部巷道围岩稳定性的影响,提出了各参数的确定方法。本章主要取得以下结论。

(1)基于钻孔卸压作用原理的分析,指出钻孔卸压技术的直接评价指标为围岩的应力转移效果及变形控制效果。依据钻孔卸压程度的不同,分别提出了非充分卸压、充分卸压和过度卸压的分类标准,得出了采用钻孔卸压后新应力峰值 σ'_p 及其位置 $L(\sigma'_p)$ 和原应力峰值位置 $L(\sigma_p)$ 的应力变化规律的综合比较结果,评价卸压钻孔对巷道围岩应力的转移效果。

(2)采用嵌入围岩强度衰减规律的数值计算模型,研究了卸压钻孔方位、卸压时机及钻孔参数(长度、直径及间排距)对深部巷道围岩稳定性的影响,综合理论计算结果,提出了各因素的确定方法。

① 卸压钻孔方位确定方法。

提出采用巷道所处应力环境作为深部巷道卸压钻孔方位确定的评判依据。合理的卸压钻孔方位应垂直于巷道最大主应力方向布置。巷道处于垂直应力场和水平应力场环境时,应分别以布置巷帮水平钻孔和顶板垂直钻孔为主;巷道处于静水应力场时,围岩稳定性受垂直应力和水平应力的共同作用,应同时布置巷帮及顶板卸压钻孔。对于任何应力环境下的巷道,肩角钻孔的开挖对转移围岩高应力效果并不明显,相反增加了肩角围岩剪切滑移变形,不利于巷道的维护。

以张双楼矿−1 000 m 西大巷为例,通过对大屯矿区地应力测量结果的坐标变换,得到试验巷道应力环境为垂直应力场,进而确定巷道卸压钻孔方位主要以布置巷帮水平钻孔为主。

② 卸压时机确定方法。

合理的钻孔卸压时机应在巷道开挖后至围岩应力调整趋于稳定之前。卸压钻孔滞后巷道开挖时间越短,越能较早地参与围岩应力调整过程,对于控制巷道围岩变形越有利;巷道围岩应力调整趋于稳定后开挖卸压钻孔,虽然能一定程度上转移巷道周边高应力,但是对于浅部已趋于稳定的围岩将产生新的扰动,围岩应力的再次调整对于维护巷道稳定反而不利。现场工程应用中,卸压钻孔应尽量紧跟巷道迎头施工,尽可能实现巷道掘进与卸压钻孔开挖的平行作业。

③ 卸压钻孔长度确定方法。

提出采用卸压钻孔长度 L 与无钻孔时围岩应力峰值距巷道表面距离 $L(\sigma_p)$

的比值 $L/L(\sigma_p)$ 作为卸压钻孔长度的确定指标。$L/L(\sigma_p)<1$ 时，卸压钻孔无法有效转移巷道周边高应力，同时破坏了浅部围岩结构的完整性，不利于巷道维护；$L/L(\sigma_p)\geqslant2$ 后，虽然能一定程度转移围岩内部的应力峰值，但是对直接影响围岩稳定的原应力峰值区 $L(\sigma_p)$ 的应力作用并不明显，同时卸压钻孔长度的增加延长了巷道应力调整时间，增加了钻孔工程量，同样不利于巷道的维护；合理的卸压钻孔长度应满足 $1\leqslant L/L(\sigma_p)<2$ 范围内。

④ 卸压钻孔直径及间排距确定方法。

卸压钻孔的直径与间排距是影响巷道卸压效果最关键的因素。三者对巷道卸压效果的影响具有一定的相关性。卸压钻孔直径的改变影响着钻孔间排距的确定。钻孔直径是确定间排距的基础。从减少钻孔工程量角度，应尽可能增大钻孔直径，进而增加钻孔间排距。确定卸压钻孔间排距时，采用巷道原应力峰值位置 $L(\sigma_p)$ 相邻两孔间围岩的应力分布状态作为判定指标。当相邻两孔间围岩的应力峰值相互叠加呈"单峰"曲线状态分布，且应力峰值强度不低于巷道围岩的原岩应力时，巷道处于充分卸压状态；此时，既能保证相邻两孔之间的围岩具有一定的承载能力，又能有效地转移巷道周边高应力，控制围岩变形。

4 深部卸压巷道流变特征及控制机理

  深部巷道掘出后,在高应力作用下,围岩一般具有自稳时间短、来压快、变形量大及变形持续时间长等特点,采用现有支护技术进行的一次支护很难阻止围岩产生大变形。此后,随时间推移,巷道围岩持续变形,这类与时间相关的围岩变形实质上是巷道浅部进入峰后阶段的岩体产生的流变。若不对其进行有效的二次支护,巷道围岩流变速率增大,变形量急剧增加。巷道围岩持续变形与支护结构承载能力的衰减最终导致巷道维护效果的急剧恶化,最终诱发巷道灾变失稳。对于深部钻孔卸压巷道,卸压钻孔的开挖对巷道一次支护结构及围岩强度将产生一定的扰动;卸压后围岩流变特征必然不同于普通深部巷道的;控制深部钻孔卸压巷道围岩不向加速流变发展,保持巷道长期稳定,仅靠一次支护结构和围岩自身强度很难保证,必须采取合适的二次支护。

  本章基于第 3 章数值模拟结果,选取非充分卸压、充分卸压及过度卸压三个状态作为模拟方案。以无卸压钻孔巷道作为对比模型,研究深部钻孔卸压巷道围岩的流变特征。以充分卸压状态作为研究对象,分析二次支护时机对深部钻孔卸压巷道围岩稳定性的作用规律,据此提出合理二次支护时机的确定原则。采用黏弹塑性理论,建立锚注支护结构的流变力学模型,将锚注结构的承载力视为时变值,给出巷道流变量及流变速率的表达式,分析二次锚注支护强度和范围对深部巷道围岩流变变形的控制效果。采用数值模拟的方法验证理论计算结果的合理性,确定试验巷道合理的二次锚注支护强度及范围。

4.1 深部巷道流变特征及控制目标

  岩石的流变性是指在恒定的外力作用下,岩石应变随时间而增大,岩石所产生的变形称为流变。流变也称为蠕变。通过对不同岩石长期流变试验及深部高应力巷道围岩变形实测结果分析,得到典型的岩石(体)流变曲线如图 4-1 中曲线 I 所示。从曲线 I 形态上看,岩石(体)的流变变形可分为弹塑性变形、减速流变、等速流变和加速流变四个阶段。

  深部巷道开挖后,在高应力作用下,围岩先是发生弹塑性破坏,并产生向巷道开挖空间的位移;围岩变形从 O 点开始,围岩变形速率及位移量随着时间的推移逐渐增加,此阶段即对应前面所说的弹塑性变形阶段;当围岩变形达到 A

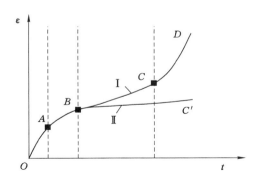

图 4-1　岩石(体)典型流变曲线

点时,伴随围岩应力调整,围岩变形趋于稳定,围岩变形速率达到最大值后逐渐衰减,围岩位移曲线趋于平缓,直至围岩变形到达 B 点,此阶段称为衰减流变阶段;B 点时围岩变形速率衰减至最小值,之后随着时间的推移围岩变形速率保持恒定,处于峰后阶段的破裂岩体在一定时间内维持应力不变,围岩变形随着时间的增长产生等速增加,直至围岩变形到达 C 点,此阶段称为等速流变阶段;到达 C 点后,由于长时间的等速流变,导致围岩松动破碎,岩体裂隙加速扩展,围岩变形速率随着时间的推移急剧增加,最终达到 D 点的破坏失稳状态。由此可以判断,对于已经历弹塑性破坏的峰后岩体,其流变变形主要经历等速流变和加速流变两个阶段。在等速流变阶段,围岩变形量虽有所增加,但依然能够保持自稳状态。一旦流变速率发展至加速流变后,围岩裂隙加速扩展,围岩体积膨胀显著,直至围岩失稳崩落。

　　二次支护的实质就是将深部巷道已产生塑性破坏的峰后岩体与支护结构在时间和强度上实现最大程度耦合,将峰后围岩的等速流变控制在合理范围以内,使支护结构与围岩形成相互协调工作的承载体,阻止围岩由等速流变状态向加速流变状态转变,保证巷道围岩的安全性及自身稳定性,延长巷道服务年限。二次支护的目的主要是控制峰后围岩的流变变形。不同二次支护下巷道围岩流变速率与时间的关系如图 4-2 表示。深部高应力巷道进入流变阶段以后,若未进行必要的二次支护,围岩经历短暂的稳定流变后,则围岩流变速率急剧增加(如图 4-2 曲线Ⅰ所示),导致巷道的灾变失稳。假设在 t_1 时刻,对巷道施以二次支护,依据二次支护效果的不同,巷道围岩变形将朝两个方向发展。当二次支护时机及强度不合适时,二次支护施加以后,巷道围岩流变速率在一定时间内衰减至一定数值后保持恒定,进入稳定流变阶段,之后随着围岩流变变形的增加,巷道仍将进入加速流变阶段,导致围岩最终失稳,如图 4-2 曲线Ⅱ所示。当对巷道采取合理的二次支护后,围岩流变速率被控制在较小范围内,其量值远小于曲线Ⅰ和Ⅱ所示的,随后围岩流变速率随着时间的推移长时间保持稳定,在巷道有效服务期限内,阻止其向加速流变转变,能够保证巷道断面要求,如图 4-2 曲线Ⅲ所示。

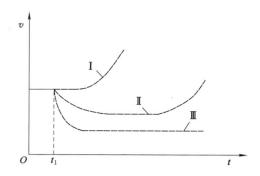

图 4-2　不同二次支护下巷道围岩流变速率与时间关系曲线

与普通深部巷道相比,深部钻孔卸压巷道增加了一道钻孔卸压工序,在巷道掘进初期弹塑性变形阶段,其围岩变形破坏特征存在一定的差异,同样,在巷道弹塑性变形稳定后,由于卸压钻孔的开挖弱化了局部围岩及支护结构的完整性和承载能力,导致其流变特征必然与无卸压钻孔时的有所不同。因此,在研究深部钻孔卸压巷道围岩稳定控制机理前,应首先对深部钻孔卸压巷道围岩流变特征展开分析。在此基础上,展开的有关巷道围岩稳定控制机理及二次支护技术的研究才更具有针对性。

4.2　深部卸压巷道围岩流变特征及控制时机

4.2.1　数值计算模型建立

基于上述对深部巷道围岩流变特征的分析得知,在巷道开挖初期,围岩以产生弹塑性变形为主,随着围岩应力调整,围岩变形逐渐趋于稳定,围岩变形速率逐渐减小至某恒定值;之后,巷道围岩变形表现一定的时效性,即进入流变阶段。为反应深部钻孔卸压巷道围岩真实的流变特性,基于第 3 章的研究结果,选取非充分卸压、充分卸压和过度卸压状态作为模拟方案,以巷道无卸压钻孔时的作为对比模型,建立如图 4-3 所示的数值计算模型。模型对应的卸压钻孔基本参数如表 4-1 所示。

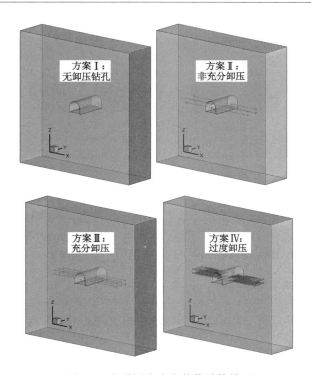

图 4-3 巷道围岩流变数值计算模型

表 4-1 模型对应的卸压钻孔基本参数

方案		垂直应力 /MPa	水平应力 /MPa	钻孔直径 /mm	钻孔长度 /m	钻孔间排距 /m
编号	类别					
I	无卸压钻孔	25	20	—	—	—
II	非充分卸压	25	20	300	9	1.2×2.4
III	充分卸压	25	20	300	9	1.2×1.2
IV	过度卸压	25	20	400	9	1.2×0.6

由 4.1 节分析得知,巷道围岩产生流变变形的主要部位是在弹塑性变形阶段已进入塑性状态的破碎岩体。不同卸压状态下围岩塑性区分布存在很大差异,如图 4-4 所示。巷道无卸压钻孔时,巷帮围岩塑性区扩展范围约为 6 m;随着巷道卸压程度的增加,巷帮围岩塑性区扩展范围由 7 m 增加至 10 m。考虑到巷道围岩塑性区分布的差异性,分析不同卸压程度下巷道围岩流变特征时,以巷道围岩最大塑性区扩展范围定义为蠕变本构模型(Burger 模型)。Burger 模型参数选取如表 4-2 所示。

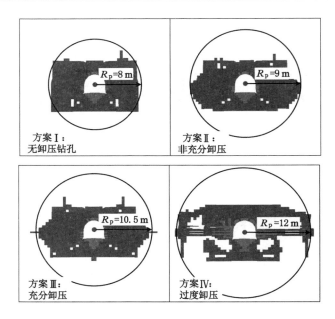

图 4-4 不同卸压状态下巷道围岩塑性区范围

表 4-2   **Burger 模型参数**

K/GPa	E_K/GPa	E_M/GPa	η_K/(GPa·h)	η_M/(GPa·h)
1.2	0.334	1.473	0.465	11.355

4.2.2 深部钻孔卸压巷道围岩流变特征分析

依据表 4-1 所示的设计方案进行数值模拟。模型运行时步单位与表 4-2 中开尔文(Kelvin)黏度参数 η_K 和麦克斯韦(Maxwell)黏度参数 η_M 的单位一致,设置最大时间步长为 0.04,设置模型计算时间限值为 200,对应工程中的 200 d。记录巷帮及顶板围岩的位移和流变速率。图 4-5 给出了不同卸压程度下巷道围岩流变量、流变速率与时间的关系曲线;在图 4-5 中,流变量曲线的起点为巷道弹塑性变形基本趋于稳定后对应的围岩变形量。图 4-6 给出了巷道围岩最大位移量及最终收敛速率与时间的关系曲线。由图 4-5 和图 4-6 可知,不同卸压程度下,巷道围岩流变变形具有以下特征。

(1)巷道无卸压钻孔时,依据围岩流变速率曲线特征,可将其流变曲线分为流变过渡(阶段Ⅰ)、减速流变(阶段Ⅱ)和稳速流变(阶段Ⅲ)三个阶段。巷道进入流变阶段初期,围岩流变速率及流变量随着时间的推移而急剧增加,巷帮及顶

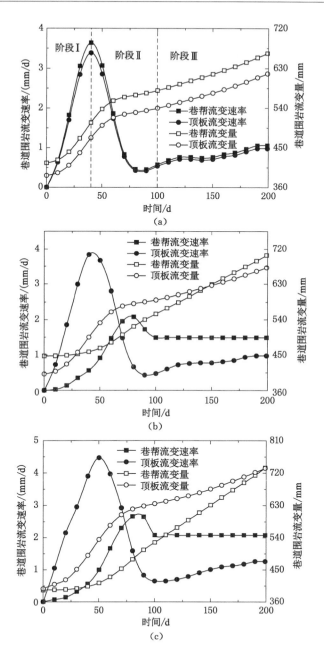

图 4-5 不同卸压程度下巷道围岩流变量与时间的关系

（a）无卸压钻孔；（b）非充分卸压；（c）充分卸压

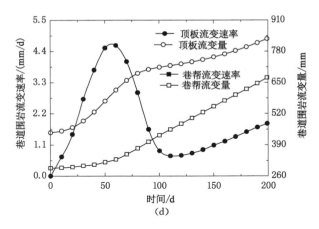

续图 4-5　不同卸压程度下巷道围岩流变量与时间的关系
（d）过度卸压

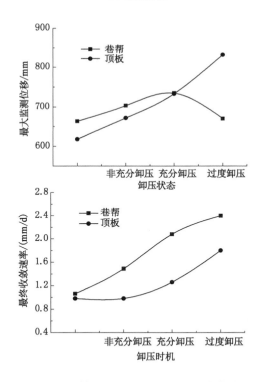

图 4-6　不同卸压程度下巷道围岩最大位移量、
最终收敛速率与时间的关系

板围岩流变速率均在 40 d 时达到最大值,分别为 3.6 mm/d 和 3.4 mm/d,这主要因为此时巷道弹塑性变形尚未达到稳定状态;随着时间的推移,该阶段仍以产生弹塑性破坏为主,可将此阶段认为是弹塑性变形向流变变形转换前的过渡阶段。当围岩流变速率达到最大值后,随着时间推移,围岩流变速率逐渐衰减,其持续时间约为 60 d,巷帮及顶底板流变速率均衰减至 1 mm/d 以下;此时围岩弹塑性变形已经趋于稳定,围岩流变量曲线趋于缓和,可将此阶段称为减速流变阶段。之后随着时间增加,在经历减速流变阶段后,围岩流变速率经历小幅波动后,逐渐保持稳定,巷道随即进入稳速流变阶段,围岩流变速率维持在 1 mm/d 左右。

(2) 当巷道卸压程度不同时,围岩流变速率及流变量曲线均存在较大差异。就巷帮而言,相比于无卸压钻孔时,围岩流变速率曲线整体表现出初期变形速率小、流变过渡阶段持续时间长、减速流变阶段时间短、稳速流变阶段速率大等特点。这导致巷帮围岩初期流变量增加缓慢,当达到某一时间点(40~60 d)后,随着围岩流变速率的增大,围岩流变量急剧增加。卸压程度越大,巷帮围岩进入减速流变阶段所需时间越长,围岩流变速率峰值越大。例如,由非充分卸压至过度卸压,巷帮围岩进入减速流变时间由 80 d 延长至 90 d,巷帮围岩最大流变速率则由 2.1 mm/d 增加至 2.8 mm/d。同时,巷道围岩进入减速流变阶段后,卸压程度越大,巷帮围岩流变速率衰减程度越小,其减速流变持续时间越短。巷道围岩进入稳定流变阶段时,非充分卸压、充分卸压及过度卸压状态对应的巷帮围岩流变速率分别为 1.5 mm/d、2.1 mm/d 和 2.4 mm/d。

(3) 顶板围岩流变特征在流变减速阶段结束前,与无卸压钻孔时的基本相似;其差别在于随着卸压程度增加,顶板围岩流变速率逐渐加大,进入稳定流变阶段所需时间越长;顶板围岩进入稳速阶段后,随着卸压程度增加,围岩流变速率逐渐加大,非充分卸压及充分卸压稳速流变阶段的围岩流变速率分别为 1 mm/d 和 1.3 mm/d,但两者均能保持长时间的稳速状态。而过度卸压时,顶板围岩稳速流变时间仅维持 20 d 左右;之后围岩流变速率随着时间的推移而急剧增加,200 d 时顶板围岩流变速率增加至 1.9 mm/d,且未见减缓的趋势,这证明此时已进入加速流变阶段。

(4) 巷道进入流变阶段 200 d(稳速流变)后,随着卸压程度增加,巷帮及顶板围岩流变速率均急剧增加。卸压状态由无卸压钻孔向过度卸压转变时,巷帮围岩流变速率由 1.1 mm/d 增加至 2.4 mm/d,其增幅高达 118%;顶板围岩流变速率则由 1 mm/d 增加至 1.8 mm/d,其增幅为 80%。受此影响,卸压状态由无卸压钻孔向充分卸压转变时,巷帮围岩流变量由 663 mm 增加至 735 mm,其增幅为 11%;顶板围岩流变量则由 618 mm 增加至 734 mm,其增幅为 19%。巷道处于过度卸压状态时,巷帮围岩流变量仅为 670 mm。出现这种结果的主要原因为 FLAC³ᴰ 软件无法模拟单元离散现象。巷帮由于卸压空间过大,在钻孔闭合前仍可补偿巷帮围岩变形,巷帮围岩变形较小,但是由于巷帮围岩此时基本失去了承载能力,导致巷道顶板围岩的急剧下沉(围岩流变量达到 832 mm)。此结论与第 3.3.5 节取得的结论相一致。

图 4-7 给出了不同阶段内卸压钻孔断面尺寸。对于开挖直径 300 mm 的卸压钻孔,其初始断面为 7.065×10^{-2} m²。巷道围岩弹塑性变形基本趋于稳定后,卸压钻孔残余断面为 2.435×10^{-2} m²,约为初始断面面积的 34%。巷道围岩进入流变阶段 40 d 后,卸压钻孔残余断面仅为 0.927×10^{-2} m²,约为初始断面面积的 13%;且随着时间推移,卸压钻孔残余断面基本不再收敛,可认为此时卸压钻孔已趋于闭合状态,失去了转移围岩应力和补偿围岩膨胀变形的功能。

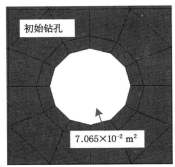
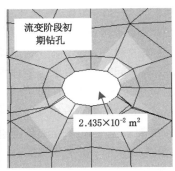
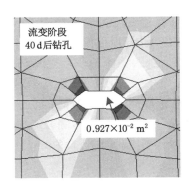

图 4-7　不同阶段内卸压钻孔断面图

基于不同卸压程度下巷道围岩流变特征及卸压钻孔断面收敛特征的分析,得到深部钻孔卸压巷道围岩流变特征。卸压钻孔的开挖,不仅在巷道围岩初期弹塑性变形阶段对围岩变形具有一定的控制效果,并且巷道围岩进入流变阶段后,卸压钻孔若未闭合,则其残余空间可继续为围岩的流变变形提供补偿空间,从而减小巷道围岩的表面位移。但是,卸压钻孔的开挖无疑增加了卸压部位围岩的破坏程度,一旦卸压钻孔残余空间趋于闭合后,卸压钻孔也就失去了转移围岩高应力及补偿围岩膨胀变形的功能。由于卸压部位围岩破碎程度的加大,反而不利于维护巷道的稳定,卸压部位围岩不但产生流变变形,而且其流变速率将远大于巷道其他部位围岩的或者无卸压钻孔时围岩的。同时,巷道卸压程度越大,稳速流变阶段的围岩流变速率越大,进入加速流变阶段的时间也就越短,越不利于巷道稳定性的维护。因此,想要长期保持深部钻孔卸压巷道的稳定性,需对其施以必要的二次支护;通过提高支护强度及围岩承载能力,控制稳速流变阶段巷道围岩的流变速率,使其长期保持在一个合理的范围内,从而减小巷道变形,延长其服务年限。

4.2.3 深部卸压巷道围岩流变控制时机确定

上面分析了深部钻孔卸压巷道围岩的流变特征,得到:在巷道流变阶段初期,卸压钻孔的残余空间可继续为围岩膨胀变形提供补偿空间,此时巷道仍处于卸压应力调整阶段。二次支护过早,不仅降低了围岩应力释放程度,还在应力调整过程中将导致支护结构承受较高的载荷,极易对二次支护结构产生新的破坏。若二次支护过晚,则巷道产生的松动圈过大,围岩自身承载能力急剧下降,二次支护在时间和强度上与围岩流变变形特性不能协调,导致二次支护效果下降甚至失效。为此,确定深部钻孔卸压巷道合理的二次支护时机,实现支护结构在时间和强度上与围岩特性间的耦合,是保证巷道围岩长期稳定的关键因素之一。

研究二次支护时机对巷道围岩流变变形的控制效果时,数值计算模型采用充分卸压模型(方案Ⅲ),如图 4-8 所示。巷道围岩弹塑性变形基本趋于稳定后,以围岩最大塑性区半径定义蠕变本构模型。通过对巷道围岩表面施加 1 MPa的支护反力模拟二次支护。设计二次支护时机模拟方案如表 4-3 所示。模拟步骤为:首先,将巷道运算至设计二次支护时机点,对巷道围岩表面施加 1 MPa 支护反力;再次,运算 200 d,记录巷道围岩流变量及流变速率。不同二次支护时机下,巷道围岩最终收敛速率、最大监测位移与时间的关系曲线分别如图 4-9 和图 4-10所示。不同二次支护时机对应的巷道围岩流变量如表 4-4 所示。

表 4-3   二次支护时机模拟方案

模拟方案	Ⅰ	Ⅱ	Ⅲ	Ⅳ	Ⅴ	Ⅵ	Ⅶ	Ⅷ	Ⅸ
二次支护时机/d	0	10	20	30	40	50	60	70	80
二次支护后运算时间/d					200				

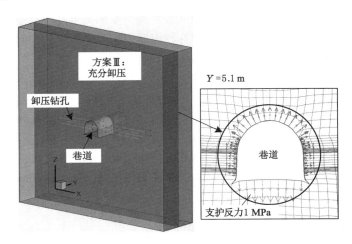

图 4-8　二次支护时机数值计算模型

　　由图 4-9、图 4-10 和表 4-4 可知,在相同的二次支护强度下,巷道围岩流变速率的减小程度却不尽相同。二次支护滞后时间在 10 d 以内,巷帮及顶底板围岩流变速率减幅较小,此时应力和围岩变形速率都处于不稳定期,巨大的变形压力减弱了二次支护效果。随着二次支护滞后时间的延长,围岩流变速率逐渐减小;当二次支护滞后时间达到 40～50 d 时,巷帮及顶底板围岩流变速率达到最小值,分别为 1.41 mm/d、1.35 mm/d 和 1.38 mm/d,这主要因为随着二次支护时间的延后,增加了围岩应力释放及转移程度,应力环境的改善有助于二次支护阻力的发挥。在围岩流变速率达到最小值后,随着二次支护滞后时间的增加,围岩流变速率逐渐升高,但其增加的幅度不太明显,这主要因为巷道由于过度的应力释放及变形破坏,导致围岩产生的松动范围过大,二次支护不能与围岩协调变形。

　　与巷道围岩流变速率曲线相类似,围岩最大监测位移曲线同样可分为 3 个阶段:① 二次支护滞后时间小于 20 d 时,二次支护对围岩流变变形的控制效果并不明显;巷帮围岩变形量甚至出现小幅增加,如滞后时间为 20 d 时,巷帮及顶底板围岩流变量分别为 330 mm、349 mm 和 335 mm,相比于方案Ⅰ的仅减小－2%、11% 和 12%。② 二次支护滞后时间大于 20 d 后,巷道围岩流变量急剧减小;二次支护滞后时间为 40～60 d 时,巷帮及顶底板围岩流变量分别达到最小值,分别为 234 mm、269 mm 和 217 mm,相比于方案Ⅰ的减小 28%、23% 和 46%。③ 二次支护滞后时间大于 60 d 后,随着巷帮及顶底板围岩流变速率的缓慢增长,其流变量也增加,如滞后时间为 80 d 时,巷帮及顶底板围岩变形量分别为 256 mm、292 mm 和 231 mm,相比于其最小值分别增加 9.4%、8.6% 和

6.5％,其增幅较小。

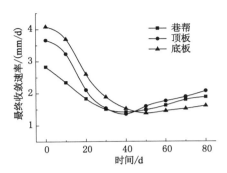

图 4-9　最终收敛速率与时间的关系

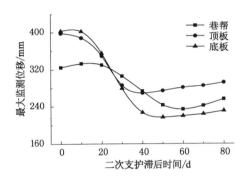

图 4-10　最大监测位移与时间的关系

　　综上所述得知:① 不同二次支护时机下,巷道围岩流变速率及流变量曲线均存在 2 个拐点。② 巷道二次支护滞后时间较短时,二次支护对围岩流变速率及流变量的控制效果有限;当滞后时间处于一定范围内时,围岩流变速率及流变量随着滞后时间的增加而急剧减小,并相继达到最小值;二次支护滞后时间过长时,围岩流变速率及流变量相比于其最小值均有所增加,且二次支护滞后时间越长,巷道前期变形量越大,围岩破碎程度越高,同样不利于巷道稳定性的维护,这与理论分析结果基本一致。

　　数值计算结果显示,对于充分卸压状态下的巷道,合理的二次支护滞后时间为 40～60 d。对比图 4-5(c)、图 4-9 和图 4-10 可以发现,巷道围岩进入流变阶段 40～60 d 时,卸压钻孔残余空间已基本趋于闭合,无法继续为围岩的膨胀变形提供补偿空间,围岩应力转移基本趋于稳定状态。此时,巷帮围岩开始产生向巷道断面方向的收敛。此时对巷道施加二次支护,不但能保证二次支护前卸压钻孔残余空间的有效利用,而且可避免二次支护滞后时间过长导致的过度流变对巷道支护结构与围岩承载体的破坏,最大限度地实现二次支护在时间和强度上与围岩特性的耦合,保持巷道长期稳定。

表 4-4　　　　　　　**不同二次支护时机对应的巷道围岩变形量**

模拟方案		I	II	III	IV	V	VI	VII	VIII	IX
二次支护时机/d		0	10	20	30	40	50	60	70	80
流变量/mm	巷帮	0	3	5	10	20	37	60	87	113
	顶板	0	25	55	94	138	178	207	223	231
	底板	0	15	40	78	124	173	216	246	266
二次支护后运算时间/d		200								
流变量/mm	巷帮	325	333	330	306	273	243	234	242	256
	顶板	393	388	349	286	269	274	281	285	292
	底板	403	402	355	279	227	217	220	224	231

4.3　深部巷道围岩流变控制弹黏塑性分析

目前,流变问题的求解方法主要有两类:一类是采用以黏弹性微分型本构关系为基础的对应性原理来求解流变问题,即首先借助于拉普拉斯变换将问题简化成拉普拉斯平面上的相应问题进行求解,然后采用拉普拉斯逆变换或数值逆变换得到原问题的解;另一类是使用积分型本构关系进行求解,其中一些方法局限于某些简单的黏弹性材料,一些结论只适用于不可压的情况,具有一定的局限性。采用黏弹性微分型本构关系分析深部巷道围岩的流变特性时,以往研究中通常采用伯格斯黏弹性流变模型,得到的结果对于巷道围岩流变特征的表述往往与现场实际情况相差较大。通过引入弹黏塑性力学模型,分析软岩巷道围岩蠕变的力学特征,同时指出采用弹黏塑性力学模型分析巷道浅部岩体的力学行为,能够较好地反映巷道塑性区内围岩的等速稳态流变特性,使二次支护的力学分析更具有针对性。本节分析二次锚注支护强度、范围对深部巷道围岩流变控制效果的作用规律时,采用弹黏塑性力学模型求解。

4.3.1　锚注支护结构弹黏塑性力学模型

依据岩石力学的基本理论可知,在相同应力场条件下的围岩中,巷道开挖断面的不同,以及围岩力学性质的不同均将产生不同的力学效应,但巷道围岩应力

演化、变形破坏的总体路径具有较高的相似性。因此,为了简化研究问题,方便力学模型的建立,提出如下假设:

(1) 巷道为深埋圆形巷道,半径为 r_0,处于静水应力状态($\sigma_v = \sigma_h = p$),走向为无限长,属于平面应变问题。

(2) 锚注区和锚注区以外的围岩被视为均质、各向同性。

(3) 不计巷道周围岩体自重;置于无限大岩体中,不考虑邻近巷道或采场的开挖影响。

(4) 锚注支护结构安装前巷道围岩已产生相应的弹塑性破坏,其塑性区已经形成,其流变阶段的塑性区视为弹黏塑性区;假设锚注半径小于塑性区半径。

(5) 流变阶段巷道围岩周围相继产生原岩应力区、弹黏塑性区以及锚注加固区;各区域简化为厚壁圆筒的受力分析问题。

(6) 巷道围岩开始流变时,锚注支护结构安装完成并对围岩产生承载力,受非锚注区围岩持续流变的挤压作用,锚注结构的承载力不断增加;$t = 0$ 时,锚注支护结构的承载力为 0。

根据以上假设,可将巷道锚注结构的弹黏塑性模型简化为载荷及结构均对称的平面应变圆孔问题,如图 4-11(a)所示。为方便计算圆形巷道周边的应力及位移,选择极坐标系进行求解,如图 4-11(b)所示。

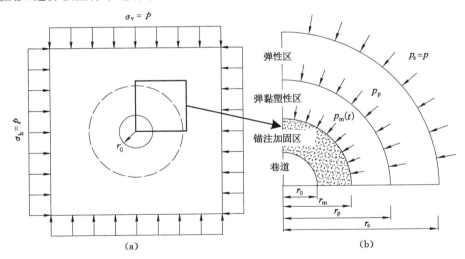

图 4-11　锚注结构弹黏塑性力学模型

在图 4-11 中,p_e 为弹性区外边界应力,$p_e = p$(原岩应力),p_p 为弹黏塑性区对弹性区的径向约束力,$p_m(t)$ 为锚注支护结构的承载力,以上应力单位为

MPa;r_0 为巷道开挖半径,r_m 为巷道锚注半径,r_p 为巷道黏弹性区半径,r_e 巷道开挖影响半径,以上长度单位为 m。

4.3.2　弹性区应力与位移分析

弹性区的岩样可看作处于流变状态前的围岩。可将岩样处于弹性区视为内半径 r_p、外半径 r_e 的厚壁圆筒受力问题。该厚壁圆筒内、外边界分别受力为 p_p、p_e。根据弹性力学知识,弹性区范围岩样内应力和位移的通解为:

$$\begin{cases} \sigma_r^e = A + \dfrac{B}{r^2} \\[2mm] \sigma_\theta^e = A - \dfrac{B}{r^2} \\[2mm] u_r^e = \dfrac{1+\nu}{E}\left[-\dfrac{B}{r} + A(1-2\nu)r\right] \\[2mm] u_\theta^e = 0 \end{cases} \tag{4-1}$$

式中,σ_r^e、σ_θ^e 分别为弹性区围岩的径向应力、切向应力,MPa;u_r^e、u_θ^e 分别为弹性区围岩的径向位移、切向位移,mm;E 为弹性模量,GPa;ν 为泊松比。

将边界条件 $(\sigma_r^e)_{r=r_p}=p_p$、$(\sigma_r^e)_{r=r_e}=p_e$ 代入式(4-1)解得:

$$\begin{cases} A = \dfrac{r_e^2 p_e - r_p^2 p_p}{r_e^2 - r_p^2} \\[3mm] B = \dfrac{r_p^2 r_e^2 (p_p - p_e)}{r_e^2 - r_p^2} \end{cases} \tag{4-2}$$

将式(4-2)代入式(4-1)得到:

$$\begin{cases} \sigma_r^e = \dfrac{r_p^2(r_e^2 - r^2)}{r^2(r_e^2 - r_p^2)}p_p + \dfrac{r_e^2(r^2 - r_p^2)}{r^2(r_e^2 - r_p^2)}p_e \\[3mm] \sigma_\theta^e = \dfrac{r_e^2(r^2 + r_p^2)}{r^2(r_e^2 - r_p^2)}p_e - \dfrac{r_p^2(r^2 + r_e^2)}{r^2(r_e^2 - r_p^2)}p_p \\[3mm] u_r^e = \dfrac{1+\nu}{E}\left[r(1-2\nu)\dfrac{r_e^2 p_e - r_p^2 p_p}{r_e^2 - r_p^2} - \dfrac{r_p^2 r_e^2(p_p - p_e)}{r(r_e^2 - r_p^2)}\right] \end{cases} \tag{4-3}$$

4.3.3　巷道围岩弹黏塑性区应力与位移分析

4.3.3.1　巷道围岩弹黏塑性区应力及位移分析

巷道围岩流变阶段的弹黏塑性区是由弹塑性变形阶段的塑性区演化而来。其同样可看作内半径 r_m、外半径 r_p 的厚壁圆筒受力问题。弹黏塑性区内围岩流变的初始应力场的计算式参照式(4-3)。其区别在于内边界 r_m 处的受力 p_m(锚注支护结构承载力)为随时间变化的函数 $p_m(t)$。因此,弹黏塑性区的围岩应力

表达式可改写为:

$$\begin{cases} \sigma_r^p = \dfrac{r_m^2(r_p^2 - r^2)}{r^2(r_p^2 - r_m^2)}p_m(t) + \dfrac{r_p^2(r^2 - r_m^2)}{r^2(r_p^2 - r_m^2)}p_e \\ \sigma_\theta^p = \dfrac{r_p^2(r^2 + r_m^2)}{r^2(r_p^2 - r_m^2)}p_p - \dfrac{r_m^2(r^2 + r_p^2)}{r^2(r_p^2 - r_m^2)}p_m(t) \end{cases} \tag{4-4}$$

根据黏塑性力学理论,弹黏塑性围岩应变本构方程为:

$$\begin{cases} \dot{e}_{ij} = \dfrac{1}{2G}\dot{S}_{ij} + \dfrac{1}{2\eta}\left(1 - \dfrac{k}{\sqrt{J_2}}\right)S_{ij} & (\sqrt{J_2} > k) \\ \dot{e}_{ij} = \dfrac{1}{2G}\dot{S}_{ij} & (\sqrt{J_2} < k) \end{cases} \tag{4-5}$$

式中,$\dot{e}_{ij}$ 为应变偏量增量;G 为弹性剪切模量,$\dot{S}_{ij}$ 为应力偏量增量,S_{ij} 为应力偏量,η 为岩体黏性系数,k 为剪切屈服模量,$\sqrt{J_2}$ 为应力偏量状态的第二不变量。$\sqrt{J_2}$ 计算公式为:

$$\sqrt{J_2} = \frac{1}{\sqrt{6}}\left[(\sigma_x - \sigma_y)^2 + (\sigma_y - \sigma_z)^2 + (\sigma_z - \sigma_x)^2 + 6(\tau_{xy}^2 + \tau_{xz}^2 + \tau_{zx}^2)\right]^{1/2}$$

或

$$\sqrt{J_2} = \frac{1}{\sqrt{6}}\left[(\sigma_1 - \sigma_2)^2 + (\sigma_2 - \sigma_3)^2 + (\sigma_3 - \sigma_1)^2\right]^{1/2}$$

式(4-5)表达的是瞬时偏应力与瞬时应变率的关系。这种瞬时的比例关系,其比例因子是非常数的(即为坐标与时间的函数),因此该本构方程不但对小弹塑性变形适用,而且对塑性有限变形适用。

假定黏弹塑性区岩体为不可压缩材料。根据 Levy-Mises 本构关系有:

$$\frac{2\sigma_z^p - \sigma_r^p - \sigma_\theta^p}{2\sigma_r^p - \sigma_\theta^p - \sigma_z^p} = \frac{d\varepsilon_z^p}{d\varepsilon_r^p} \tag{4-6}$$

对于无限长巷道,只有当黏弹塑性区的 ε_z^p 与弹性区的 ε_z^e 相等时,才能使巷道沿其轴向方向不产生剪应力,才可以把上述问题简化为平面应变问题,亦即 $\varepsilon_z^{p,e}$ 为常量,有 $d\varepsilon_z^{p,e} = 0$。因此式(4-6)可简化为:

$$\sigma_z^p = \frac{1}{2}(\sigma_r^p + \sigma_\theta^p) \tag{4-7}$$

令 $\sigma_1 = \sigma_\theta^p$,$\sigma_3 = \sigma_r^p$,将式(4-7)代入 $\sqrt{J_2}$ 第二个表达式,得到:

$$\sqrt{J_2} = \frac{1}{2}(\sigma_\theta^p - \sigma_r^p) \tag{4-8}$$

锚注支护结构具有适应围岩大变形的特点。因此,在锚注支护结构破坏之前,依然可将其看作内半径为 r_0、外半径为 r_p 的弹性厚壁圆筒。锚注支护结构的外边界受力为 $p_m(t)$,内边界受力 $p_0 = 0$。锚注支护结构的材料属性定义如下：E_m 为锚注支护结构的弹性模量，GPa；G_m 为锚注支护结构的弹性剪切模量，GPa；ν_m 为锚注支护结构的泊松比。锚注支护结构的材料属性参数满足：

$$E_\mathrm{m} = 2G_\mathrm{m}(1 + \nu_\mathrm{m}) \tag{4-9}$$

将式(4-9)代入式(4-3)的第三个表达式，得到锚注支护结构外边界($r=r_\mathrm{m}$)在应力 $p_\mathrm{m}(t)$ 的作用下产生的流变变形 U_m。其公式为：

$$U_\mathrm{m} = \frac{1}{2G_\mathrm{m}} \frac{p_\mathrm{m}(t)}{r_\mathrm{m}^2 - r_0^2} \left[r_\mathrm{m}^3(1 - 2\nu_\mathrm{m}) + r_0^2 r_\mathrm{m} \right] \tag{4-10}$$

将流变位移 U_m 对时间 t 求导，即可得到流变速率与时间的关系式为：

$$v_\mathrm{m}(t) = \frac{\mathrm{d}}{\mathrm{d}t} U_\mathrm{m}(t) \tag{4-11}$$

锚注支护结构的刚度 k_m(MPa/mm)的计算式如下：

$$k_\mathrm{m} = \frac{p_\mathrm{m}(t)}{U_\mathrm{m}} \tag{4-12}$$

于是可得：

$$\varepsilon_r = \frac{p_\mathrm{m}(t)}{k_\mathrm{m} r_\mathrm{m}} \tag{4-13}$$

联立式(4-10)和式(4-12)可得：

$$\frac{1}{k_\mathrm{m}} = \frac{1}{2G_\mathrm{m}} \frac{r_\mathrm{m}}{r_\mathrm{m}^2 - r_0^2} \left[r_\mathrm{m}^2(1 - 2\nu_\mathrm{m}) + r_0^2 \right] \tag{4-14}$$

根据弹黏塑性区内主应力平均值与正应力平均值的等量关系，得到：

$$\sigma_\mathrm{m}^\mathrm{p} = \frac{1}{3}(\sigma_r^\mathrm{p} + \sigma_\theta^\mathrm{p} + \sigma_z^\mathrm{p}) \tag{4-15}$$

将式(4-7)代入式(4-15)可得：

$$\sigma_\mathrm{m}^\mathrm{p} = \frac{1}{2}(\sigma_r^\mathrm{p} + \sigma_\theta^\mathrm{p}) \tag{4-16}$$

采用极坐标将式(4-5)的第一个表达式展开，得到：

$$\dot{\varepsilon}_r^\mathrm{p} - \dot{\varepsilon}_\mathrm{m}^\mathrm{p} = \frac{1}{2G}(\dot{\sigma}_r^\mathrm{p} - \dot{\sigma}_\mathrm{m}^\mathrm{p}) + \frac{1}{2\eta}\left(1 - \frac{k}{\sqrt{J_2}}\right)(\sigma_r^\mathrm{p} - \sigma_\mathrm{m}^\mathrm{p}) \tag{4-17}$$

将式(4-4)、式(4-8)、式(4-12)和式(4-16)代入式(4-17)，得到 $r=r_\mathrm{m}$ 处锚注支护结构承载力的微分方程为：

$$\frac{\dot{p}_\mathrm{m}(t)}{k_\mathrm{m} r_\mathrm{m}} = \frac{1}{2G}\left[-\dot{p}_\mathrm{m}(t) - \frac{r_\mathrm{m}^2}{r_\mathrm{p}^2 - r_\mathrm{m}^2}\dot{p}_\mathrm{m}(t) \right] - \frac{1}{2\eta}\left\{ \frac{r_\mathrm{m}^2}{r_\mathrm{p}^2 - r_\mathrm{m}^2}\left[p_\mathrm{m}(t) - p_\mathrm{p} \right] - k \right\}$$

$$\tag{4-18}$$

解此微分方程，其中 $t=0$ 时，$p_\mathrm{m}(t)=0$，求得：

$$p_\mathrm{m}(t) = p_\mathrm{p} + \frac{r_\mathrm{p}^2 - r_\mathrm{m}^2}{r_\mathrm{p}^2}k - \left(p_\mathrm{p} + \frac{r_\mathrm{p}^2 - r_\mathrm{m}^2}{r_\mathrm{p}^2}k \right) \mathrm{e}^{\frac{-G r_\mathrm{p}^2 r_\mathrm{m} k_\mathrm{m}}{\eta\left[2G(r_\mathrm{p}^2 - r_\mathrm{m}^2) + r_\mathrm{p}^2 r_\mathrm{m} k_\mathrm{m}\right]}t} \tag{4-19}$$

假设锚注结构外边界 $r=r_m$ 满足米塞斯屈服准则，有：

$$(\sigma_\theta^p - \sigma_z^p)^2 + (\sigma_z^p - \sigma_r^p)^2 + (\sigma_r^p - \sigma_\theta^p)^2 = 2\sigma_s^2 \qquad (4\text{-}20)$$

式中，σ_s 为拉伸屈服极限，MPa。

将式(4-7)代入式(4-20)可得：

$$\sigma_\theta^p - \sigma_r^p = \frac{2}{\sqrt{3}}\sigma_s \qquad (4\text{-}21)$$

将式(4-21)代入式(4-4)得到式(4-19)的另一补充方程为：

$$p_p = p_m(t) - \frac{r_p^2 - r_m^2}{\sqrt{3}\,r_p^2}\sigma_s \qquad (4\text{-}22)$$

整理得到锚注结构流变位移 $U_m(t)$ 的计算式为：

$$U_m(t) = \frac{r_m^3 3(1-2v_m)+r_0^2 r_m}{2G_m(r_m^2 2 - r_0^2)}\left[\begin{array}{l}\left(\dfrac{r_p^2-r_m^2}{\sqrt{3}\,r_p^2}\sigma_s - \dfrac{r_p^2-r_m^2}{r_p^2}k\right)\mathrm{e}^{\frac{-Gr_p^2 r_m k_m}{\eta\left[2G(r_p^2-r_m^2)+r_p^2 r_m k_m\right]}t} - \\[2mm] \dfrac{r_p^2-r_m^2}{\sqrt{3}\,r_p^2}\sigma_s + \dfrac{r_p^2-r_m^2}{r_p^2}k\end{array}\right]$$

$$(4\text{-}23)$$

通过对式(4-23)中时间 t 求导，得到锚注结构流变速率 $V_m(t)$ 的计算式为：

$$V_m(t) = \frac{\mathrm{d}}{\mathrm{d}t}U_m(t) = \frac{r_m^3(1-2v_m)+r_0^2 r_m}{2G_m(r_m^2-r_0^2)} \times$$

$$\left(\frac{r_p^2-r_m^2}{r_p^2}k - \frac{r_p^2-r_m^2}{\sqrt{3}\,r_p^2}\sigma_s\right)\frac{Gr_p^2 r_m k_m}{\eta\left[2G(r_p^2-r_m^2)+r_p^2 r_m k_m\right]}\mathrm{e}^{\frac{-Gr_p^2 r_m k_m}{\eta\left[2G(r_p^2-r_m^2)+r_p^2 r_m k_m\right]}t} \qquad (4\text{-}24)$$

4.3.3.2 巷道弹黏塑性区边界的确定

由以上分析可知，巷道的弹黏塑性区是由弹塑性变形阶段的塑性区演化而来。因此，巷道确定弹黏塑性边界时，将力学模型简化为内半径 r_0、外半径 r_e 的厚壁圆筒的弹塑性求解问题。据此得到：

$$\begin{cases}\sigma'_r = \dfrac{r_0^2(r_e^2 - r^2)}{r^2(r_e^2 - r_0^2)}p_0 + \dfrac{r_e^2(r^2 - r_0^2)}{r^2(r_e^2 - r_0^2)}p_e \\[3mm] \sigma'_\theta = \dfrac{r_e^2(r^2 + r_0^2)}{r^2(r_e^2 - r_0^2)}p_e - \dfrac{r_0^2(r^2 + r_e^2)}{r^2(r_e^2 - r_0^2)}p_0\end{cases} \qquad (4\text{-}25)$$

由 $p_0=0, r=r_p$ 得到：

$$\begin{cases}\sigma'_r = \dfrac{r_e^2(r_p^2 - r_0^2)}{r_p^2(r_e^2 - r_0^2)}p_e \\[3mm] \sigma'_\theta = \dfrac{r_e^2(r_p^2 + r_0^2)}{r_p^2(r_e^2 - r_0^2)}p_e\end{cases} \qquad (4\text{-}26)$$

由米塞斯屈服准则可知在 $r=r_p$ 时，有：

$$\sigma'_\theta - \sigma'_r = \frac{2}{\sqrt{3}}\sigma_s \tag{4-27}$$

联立式(4-24)、式(4-25),可得:

$$r_p = \sqrt{\sqrt{\frac{\sqrt{3}\, r_0^2 2 r_e^2 2 p_e}{(r_0^2 - r_e^2)\sigma_s}}} \tag{4-28}$$

4.3.4 理论计算结果分析

联立式(4-14)、式(4-19)、式(4-22)、式(4-23)、式(4-24)和式(4-28)进行计算。取巷道半径 $r_0 = 2.3$ m、巷道开挖影响半径 $r_e = 20$ m、黏性系数 $\eta = 5.4$(GPa·d)、围岩弹性剪切模量 $G = 3$ GPa、剪切屈服模量 $k = 10$ MPa、原岩应力 $p = 25$ MPa、围岩拉伸屈服极限 $\sigma_s = 5$ MPa。将表达式及参数输入 Matlab 计算软件。分析巷道围岩流变变形量 $U_m(t)$、流变速率 $V_m(t)$ 与时间 t 及锚注结构参数之间的关系。

4.3.4.1 锚注支护强度对巷道围岩流变控制的分析

分析锚注支护强度对巷道围岩流变量 $U_m(t)$ 和流变速率 $V_m(t)$ 的作用规律时,取巷道锚注半径 $r_m = 4.8$ m(有效锚注支护范围为 2.5 m)。理论计算模型中,锚注支护结构的强度参数主要有:弹性模量 E_m、弹性剪切模量 G_m、泊松比 ν_m。三者之间满足式(4-9)所示的关系式。根据锚杆支护及注浆加固的相似模拟试验结果得知,锚注支护强度的增加可显著提高锚固体的弹性模量 E_m。理论模型假中,设锚注体为可压缩、可大变形的弹性体。因此,可通过改变锚注体的弹性模量 E_m 来分析锚注支护强度对巷道围岩流变变形的控制效果。计算时取泊松比 $\nu_m = 0.15$。锚注体不同弹性模量下,巷道围岩流变量 $U_m(t)$ 和流变速率 $V_m(t)$ 与时间的关系如图 4-12 和图 4-13 所示。由图 4-12 和图 4-13 可知,锚注体不同弹性模量下,巷道围岩流变变形具有以下特征。

(1)巷道施加锚注支护后,围岩初期保持着一定的流变速率。初期流变速率受锚注体弹性模量 E_m 影响很小,均约为 3.5 mm/d;之后随时间推移,巷道围岩流变速率逐渐减小。不同 E_m 对应的围岩流变速率衰减幅度存在较大差异。当 E_m 较小时,如 $E_m = 50$ MPa 时,二次支护 150 d 后,巷道围岩流变速率仅由 3.5 mm/d 减小至 2.4 mm/d,减幅为 31.4%。随着 E_m 的增大,巷道围岩流变速率急速衰减。当 $E_m = 600$ MPa 时,巷道围岩流变速率仅经历 90 d 时间,便由 3.5 mm/d 迅速衰减至 0.21 mm/d,减幅高达 94%。在锚注体弹性模量 E_m 较小的情况下,增加 E_m 对巷道围岩流变速率的控制比较明显。当 E_m 由 50 MPa 增加至 300 MPa 时,150 d 时的巷道围岩流变速率由 2.4 mm/d 减小至

0.33 mm/d,减幅为 86%;而 E_m 由 300 MPa 增加至 600 MPa 时,150 d 时的巷道围岩流变速率仅由 0.33 mm/d 减小至 0.21 mm/d,减幅仅为 36%。

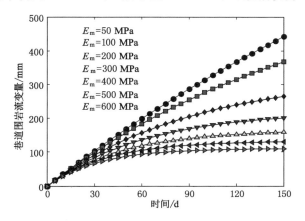

图 4-12　巷道围岩流变量与 E_m 的关系

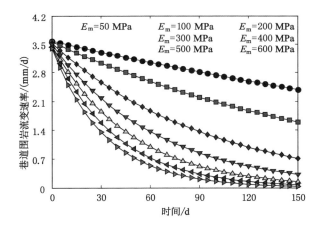

图 4-13　巷道围岩流变速率与 E_m 的关系

（2）巷道围岩流变量随着锚注体弹性模量 E_m 的增加而得到有效的控制。当 $E_m = 600$ MPa 时,巷道围岩流变经历短暂的变形剧烈阶段后（时间约为 60 d）,趋于平缓并逐渐稳定下来;150 d 后,巷道围岩流变量为 110 mm,其中,前 60 d 内围岩变形量为 93 mm,约为其总变形量的 85%。随着 E_m 的逐渐减小,巷道围岩流变量急剧增加,巷道围岩由稳定状态向不稳定状态过渡。如 $E_m = 50$ MPa 时,巷道围岩流变量曲线近似直线分布,150 d 后巷道围岩流变量约为

442 mm；相比于 $E_m=600$ MPa 时，其增加 342 mm，增幅为 311%；150 d 后，巷道围岩未进入稳定状态，巷道围岩流变量随着时间的推移保持着较高速率的增长。与巷道围岩流变速率曲线类似，在锚注体弹性模量 E_m 比较小的情况下，增加 E_m 对巷道围岩流变量的控制比较明显。E_m 由 50 MPa 增加至 300 MPa 时，150 d 时的巷道围岩流变量由 442 mm 减小至 201 mm，减幅为 241 mm；而 E_m 由 300 MPa 增加至 600 MPa 时，150 d 时的巷道围岩流变量由 201 mm 减小至 110 mm，减幅仅为 91 mm。

（3）假设巷道围岩流变速率低于 0.5 mm/d 时，认为巷道围岩进入稳定流变阶段。由式(4-24)计算得到巷道围岩流变速率低于 0.5 mm/d 所需时间。对巷道围岩稳定各时间点进行拟合。其拟合曲线如图 4-14 所示。由图 4-14 可知，巷道围岩稳定所需时间与锚注体弹性模量 E_m 近似负指数函数关系。在 E_m 较小的情况下，增加 E_m 将显著缩短巷道进入流变稳定阶段所需时间。当 E_m 由 50 MPa 增加至 300 MPa 时，巷道稳定时间由 730 d 急剧减小至 123 d；而 E_m 由 300 MPa 增加至 600 MPa 时后，巷道稳定时间仅由 123 d 减小至 54 d。

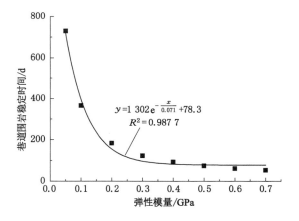

图 4-14　巷道围岩稳定时间与 E_m 的关系

4.3.4.2　锚注支护范围对巷道围岩流变控制的分析

分析锚注支护范围对巷道围岩流变量 $U_m(t)$ 和流变速率 $V_m(t)$ 的作用规律时，固定锚注体弹性模量 $E_m=100$ MPa，固定泊松比 $\nu_m=0.15$，取锚注半径 $r_m=3.8\sim7.3$ m，间隔点距离为 0.5 m，对应取有效锚注半径 $r'_m=1.5\sim5$ m。不同锚注支护范围下，巷道围岩流变量 $U_m(t)$ 和流变速率 $V_m(t)$ 与时间的关系如图 4-15 和图 4-16 所示。由图 4-15 和图 4-16 可知，不同锚注支护范围下，巷道围岩流变变形具有以下特征。

（1）锚注支护范围 r_m 不同，巷道围岩初期流变速率有所差异。若 r_m 越大，则巷道围岩初期流变速率越大。锚注支护范围 r_m 由 3.8 m 增加至 7.3 m 时，巷道围岩初期流变速率由 3.12 mm/d 增加至 5.8 mm/d；之后随时间推移，巷道围岩流变速率逐渐衰减。r_m 越大，巷道围岩流变速率衰减程度越高。当 $r_m=3.8$ m 时，二次支护 150 d 以后，巷道围岩变形速率由 3.12 mm/d 减小至 1.68 mm/d，减幅约为 46%；当 r_m 范围增加至 7.3 m 时，150 d 后巷道围岩流变速率则由初期的 5.83 mm/d 急剧减小至 0.01 mm/d，减幅达 99.8%。在 r_m 比较小的情况下，增加 r_m 对巷道围岩流变速率的控制极为显著。r_m 增加至一定程度后，随着 r_m 的增加，增加 r_m 对巷道围岩流变速率的控制不再明显。例如，r_m 由 3.8 m 增加至 5.3 m 时，150 d 后巷道围岩流变速率则由 1.68 mm/d 急剧减小至 0.3 mm/d，而 r_m 由 5.3 m 增加至 6.8 m 时，r_m 同样增加 1.5 m 的情况下，150 d 后巷道围岩流变速率仅由 0.3 mm/d 减小至 0.03 mm/d。

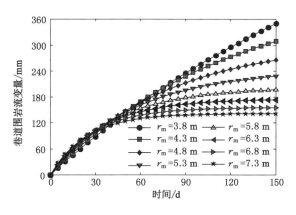

图 4-15 巷道围岩流变量与 r_m 的关系

（2）巷道围岩流变量随锚注支护范围 r_m 的增加得到有效控制。由于不同锚注支护范围下巷道围岩初期流变速率不同，导致其流变量曲线在二次支护初期 40 d 内存在略微差异。之后随时间推移，r_m 越大，对巷道围岩流变量的控制效果越好。当 $r_m=3.8$ m，二次支护完成 150 d 后，巷道围岩流变量约为 349 mm。而当 r_m 增加至 7.3 m 时，150 d 后巷道围岩流变量为 140 mm，相比于前者减小 60%。同样，锚注支护范围增加至一定程度后，继续增加 r_m 对巷道围岩流变量的控制效果逐渐减弱。当锚注半径 r_m 较小时，增加 r_m 可有效控制围岩流变变形。例如，当 r_m 由 4.3 m 增加至 5.8 m 时，150 d 后巷道围岩流变量由 310 mm 减小至 197 mm，减幅为 113 mm；而 r_m 由 5.8 m 增加至 7.3 m 时，150 d 后巷道围岩流变量仅由 197 mm 减小至 140 mm，减幅为 57 mm。

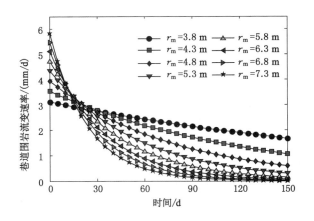

图 4-16 巷道围岩流变速率与 r_m 的关系

（3）同样假设巷道围岩流变速率低于 0.5 mm/d 时，认为巷道围岩进入稳定流变阶段。由式(4-24)计算得到巷道围岩进入流变阶段所需时间与有效锚注支护范围 r'_m 的关系如图 4-17 所示。由图 4-17 可知，巷道围岩稳定时间与有效锚注半径 r'_m 之间的关系同样近似负指数函数。当有效锚注支护范围 r'_m 比较小的情况下，增加 r'_m 将显著缩短巷道围岩进入流变稳定阶段所需的时间。例如，r'_m 由 1.5 m 增加至 3 m 时，巷道围岩稳定时间由 447 d 急剧减小至 122 d，减幅为 325 d；而 r'_m 由 3 m 增加至 4.5 m 时，巷道围岩稳定时间仅有 122 d 减小至 68 d，减幅为 54 d。

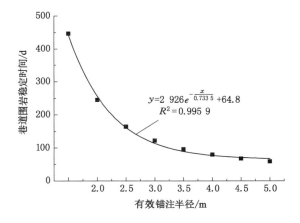

图 4-17 巷道围岩稳定时间与 r'_m 的关系

4.4 锚注支护对深部巷道流变控制数值模拟

上节采用理论计算的方法分析了锚注支护强度、锚注支护范围对巷道围岩流变的控制效果。据上述研究得到,在地应力与围岩条件一定时,增加锚注支护强度和锚注支护范围,可有效减小巷道围岩流变量 $U_m(t)$ 和流变速率 $V_m(t)$。当锚注支护强度和锚注支护范围增加至一定程度后再继续提高时,其对巷道围岩流变量 $U_m(t)$ 和流变速率 $V_m(t)$ 的控制作用效果较小。巷道围岩稳定所需时间与锚注支护强度和锚注支护范围之间近似负指数函数关系。当锚注支护强度和锚注支护范围较小的情况下,小幅提高锚注支护强度和锚注支护范围即可显著缩短巷道围岩稳定所需时间。当锚注支护强度和锚注支护范围增加至一定程度后,其对巷道稳定所需时间影响很小。本节采用数值计算方法,研究锚注支护对深部巷道围岩流变变形的控制规律,同时验证理论计算结果的合理性。

采用数值计算方法分析锚注支护对深部巷道围岩流变变形的控制规律时,锚注支护结构的模拟可采用的方法有以下三种:① 采用 FLAC³ᴰ内置结构单元模拟锚网索支护;② 通过对巷道围岩表面施加径向反力模拟支护结构提供的作用力;③ 改变巷道浅部一定范围围岩本构模型及力学参数实现对支护结构的构建。使用第①种方法时,对于锚杆(索)的模拟可通过梁(beam)单元、锚索(cable)单元、桩(pile)单元的构建来实现;锚网及喷层的模拟可通过壳(shell)单元或初衬(liner)单元的构建来实现。第①种方法存在的主要问题在于结构单元参数的选取——每种结构单元都有多个参数,且有些参数取值要求精度较高。对于岩土及隧道等小变形工程来讲,第①种方法应用较为广泛;对于采矿工程中大变形巷道,第①种方法常常难以取得满意的效果。使用第②种方法时,通过对巷道表面施加径向反力,可实现对锚注支护的模拟。但第②种方法同样存在一些不足。比如,支护反力定量难以确定。尤其是对于产生大变形后的巷道,若支护反力过小,则支护起不到控制效果;若支护反力过大,则常导致围岩的逆变形,与现场实际情况相违背。同时第②种方法对巷道围岩控制效果的模拟结果常是线性的,即反力量级与围岩变形量基本呈线性关系变化。但是室内试验表明:锚杆支护强度对于围岩控制效果常为非线性的。所以采用第②种方法对巷道围岩控制很难取得满意的效果。

模拟井工巷道的支护结构时,常采用第③种方法,即改变巷道浅部一定范围围岩的本构模型及力学参数实现对支护结构的构建。相关研究表明,锚注支护的主要原理在于其对锚固体力学参数的改善,增加锚杆支护强度,提高锚固体力学参数。因此,通过改善锚固体围岩力学参数以实现锚注支护结构在模拟理论上是可行的。但该方法面临的主要困难在于支护强度与锚固体参数的对应关系上。若锚固体参数选取不合理,则模拟结果与现场实际效果偏差很大。本节基于现有的室内试验结果得到的支护强度与锚固体参数间的对应关系。通过锚固体参数替换,将该关系应用到对于本书数值模拟巷道围岩残余参数改善中,以实现锚注二次支护对于深部巷道流变控制效果的模拟。

4.4.1 锚注支护强度对深部巷道流变控制效果分析

对于深部巷道(特别是煤巷),由于地应力较大,巷道围岩破坏严重,其周围存在着破碎区、塑性区和弹性区。相应巷道周围锚杆锚固区域的岩体则处于破碎区或处于上述两个或三个区域之中。锚固区的岩石强度处于峰后强度或残余强度。侯朝炯通过锚杆提高围岩峰后强度或残余强度作用的室内相似模拟试验,提出巷道锚杆支护围岩强度强化理论,指出锚固体的变形破坏符合摩尔-库伦准则。锚杆支护可提高锚固体的力学参数,包括锚固体破坏前和破坏后的力学参数(弹性模量 E、内聚力 c、内摩擦角 φ)。锚杆支护后,锚固区内岩体的峰值强度或峰后强度、残余强度均能得到强化。注浆同样可以改善弱面的力学性能,提高岩体的内聚力和内摩擦角。很多学者通过现场实测和室内试验,分析比较了注浆前后的岩体力学性能,发现:注浆后不同岩体力学指标的改善程度及影响因素有所不同。苏联学者指出:注浆后岩石内聚力增幅为 $40\%\sim70\%$,平均增加 50%;法国、西班牙的学者的研究表明:注浆加固可使砂岩强度增加 $50\%\sim70\%$,可使粉砂岩和泥质岩强度增加 3 倍,可使其内聚力提高 $40\%\sim70\%$。

由于影响注浆固结效果的因素较多,所以缺少注浆参数与注浆固结体参数改善的对应关系。本节主要分析不同锚杆支护强度对于锚固体力学参数的改善表征锚注支护效果。此时,锚固体参数的选取要小于实际锚注支护结构对应的参数。这具有一定的代表意义。表 4-5 给出了室内试验获取的不同锚杆支护强度 p_i 对应的锚固体残余强度参数(内聚力 c、内摩擦角 φ、弹性模量 E)。

表 4-5 **不同支护强度对应的锚固体参数**

p_i/MPa	0	0.08	0.11	0.14	0.17	0.22	0.25	0.3	0.35
E/GPa	0.280 8	0.284 7	0.288 3	0.294	0.3	0.31	0.313 3	0.315 3	0.316 1
c/MPa	0.016 8	0.018 3	0.018 4	0.018 6	0.019 4	0.021	0.021 2	0.021 4	0.021 4
φ/(°)	31.51	33.51	35.57	37.14	38.8	40.4	40.83	41.09	41.19

注:表中斜体数据由 E 与支护强度 p_i 的关系回归分析得到。

采用表 4-5 给出的锚杆支护强度与锚固体残余强度参数间的对应关系,反演得到数值计算模型不同支护强度对应的锚固体残余参数,如表 4-6 所示。

表 4-6			数值计算模型中锚固体参数					
p_i/MPa	0	0.08	0.11	0.14	0.17	0.22	0.25	0.3	0.35
E/GPa	1.8	1.825	1.848	1.884 6	1.923 1	1.987 2	2.008 3	2.021 1	2.026 3
c/MPa	1.32	1.437 9	1.445 7	1.461 4	1.524 3	1.65	1.668	1.678	1.682
φ/(°)	18.65	19.83	21.05	21.98	22.96	23.91	24.17	24.32	24.38

模拟锚注支护强度对巷道围岩流变变形的控制效果时,锚注体本构模型采用摩尔-库伦模型。取锚注支护范围为 2.5 m,二次锚注滞后时间为 40 d。图 4-18 给出了不同支护强度下巷帮、顶底板围岩位移与时间的关系曲线。不同支护强度下巷帮、顶底板围岩流变速率与时间的关系曲线如图 4-19 所示。由图 4-18 和图 4-19 可知,不同支护强度下,巷道围岩流变变形具有以下规律。

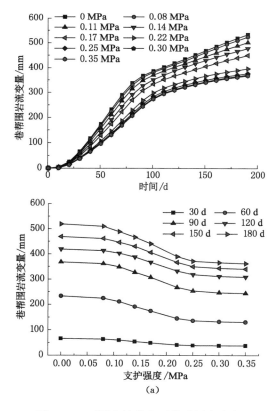

图 4-18　不同支护强度下巷道围岩流变量

(a) 巷帮

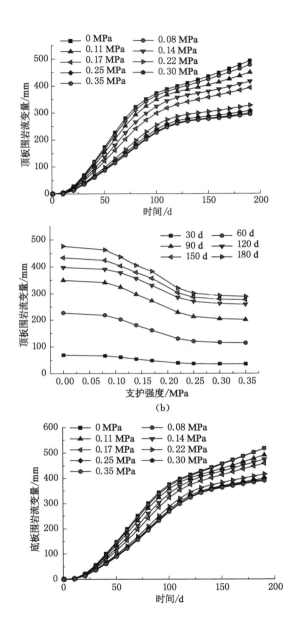

续图 4-18　不同支护强度下巷道围岩流变量

(b) 顶板；(c) 底板

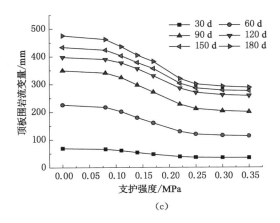

续图 4-18 不同支护强度下巷道围岩流变量
(c) 底板

(1) 巷道围岩流变曲线可分为流变调整、减速流变和稳定流变三个阶段。锚注支护初期,巷道处于支护结构与围岩强度耦合阶段。随着时间的推移,巷道围岩流变速率与流变量均呈增加趋势。当锚注结构体与围岩实现强度耦合后,锚固体形成统一承载结构,通过对围岩施加主动约束力,抵抗围岩产生的大变形。此时,巷道围岩流变速率经历最大值。之后,随着时间推移,巷道围岩流速率逐渐减小,巷道围岩流变量增幅逐渐趋缓。巷道围岩进入减速流变阶段。之后,随时间进一步推移,巷道围岩流变速率逐渐趋于稳定,此时巷道围岩进入稳定流变阶段。

(2) 锚注支护强度的增加可有效控制巷道围岩的流变变形。锚注支护强度越大,巷道围岩流变量越小。当巷道围岩锚注支护强度为 0 MPa 时,二次支护200 d 以后,巷帮及顶底板围岩变形量分别为 534 mm、491 mm 和 518 mm;当锚注支护强度增加至 0.35 MPa 时,200 d 后巷帮及顶底板围岩变形量分别减小至368 mm、294 mm 和 390 mm,减幅分别为 31%、40% 和 22%。

(3) 巷道围岩流变速率随锚注支护强度的不同存在较大差异。二次支护完成后的前 20 d 内,巷道围岩流变速率相差不大。之后,随着锚注支护强度的增加,巷道围岩流变速率逐渐减小。当锚注支护强度为 0 MPa 时,巷帮及顶底板围岩的最大流变速率分别为 5.9 mm/d、5.4 mm/d 和 5.3 mm/d。当锚注支护强度增加至 0.35 MPa 后,三者最大流变速率分别为 3.9 mm/d、3 mm/d 和 3.8mm/d,减幅分别为 34%、44% 和 28%。随着时间推移,巷道围岩进入流变稳定段后,巷道围岩流变速率同样随着锚注支护强度增加而减小。当锚注支护强度大于 0.22 MPa 后,巷道围岩流变速率均低于 1 mm/d。

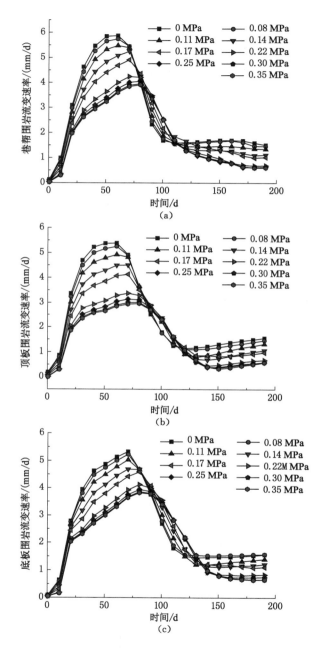

图 4-19　不同支护强度下巷道围岩流变速率

（a）巷帮；（b）顶板；（c）底板

（4）随着时间的推移，锚注支护强度的增加对于巷道围岩流变变形的控制效果愈加明显。当二次锚注支护完成后的最初 30 d 内，巷道围岩流变量随锚注支护强度的增加而变化并不明显，其变形曲线斜率较小；当锚注支护完成 60 d 后，巷道围岩变形曲线随锚注支护强度的不同而差异性较为明显，其变形曲线分别在锚注支护强度为 0.08 MPa 和 0.25 MPa 时各出现一个拐点，且时间越长，其变形曲线的拐点特征愈加明显。当锚注支护强度小于 0.08 MPa 时，锚注支护对于巷道围岩流变变形的控制效果并不理想。随着锚注支护强度的增加，围岩流变量减幅较小。锚注支护强度在 0.08～0.25 MPa 范围内时，随着锚注支护强度的增加，巷道围岩流变量急剧减小；而当锚注支护强度大于 0.25 MPa 以后，锚注支护强度的增加对于巷道流变量的控制趋于平缓。

综上所述得知，锚注支护强度对于深部巷道流变变形的控制是一个与时间相关的过程。锚注支护完成初期，支护结构和巷道围岩处于强度耦合阶段。该阶段内巷道围岩流变变形将经历一个短暂的活跃期，巷道围岩流变速率和流变量随着时间的推移均有所增加。之后，伴随着锚注主动承载结构的形成，通过提供足够的支护反力限制巷道围岩的变形，巷道围岩流变速率逐渐降低至某一恒定值，巷道围岩变形曲线逐渐趋于平缓（即进入稳定流变段）。当锚注支护强度较小的情况下，提高锚注支护强度，可显著降低巷道围岩流变速率，控制巷道围岩流变变形。在锚注支护强度增加至一定程度后，其对于巷道围岩流变变形的控制不再明显。因此，确定深部巷道二次支护强度时，应从控制巷道围岩流变变形及降低成本两方面综合考虑。锚注支护强度过小，不利于控制巷道围岩的流变变形；锚注支护强度过大，在小幅提升控制效果的基础上，大大增加了支护成本。通过上述对张双楼矿－1 000 m 西大巷围岩流变控制的数值模拟，经济合理的锚注支护强度应为 0.25 MPa。

4.4.2 锚注支护范围对深部巷道围岩流变控制效果分析

分析不同锚注支护范围对深部巷道围岩流变变形的控制效果时，锚注支护强度确定为 0.25 MPa。设计 8 种锚注支护范围模拟方案，其锚注范围分别为 1.5 m、2 m、2.5 m、3 m、3.5 m、4 m、4.5 m 和 5 m。不同锚注支护范围对应的巷道围岩流变量与时间的关系曲线如图 4-20 所示。不同锚注范围对应的巷道围岩流变速率与时间的关系曲线如图 4-21 所示。由图 4-20 和图 4-21 可知，不同锚注支护范围下，巷道围岩流变变形具有以下特征。

（1）不同锚注支护范围下，巷道围岩流变曲线经历流变调整段、减速流变段、稳定流变和加速流变四个阶段。流变调整段持续时间约为 50 d，此阶段内围岩流变速率及流变量随时间的增加逐渐增大。50 d 后围岩流变速率经历最大

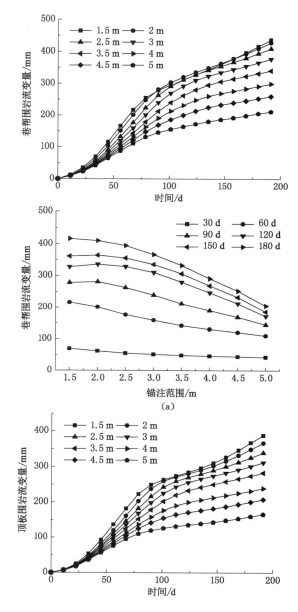

图 4-20　不同锚注支护范围对应的巷道

围岩流变量与时间的关系曲线

（a）巷帮；(b）顶板

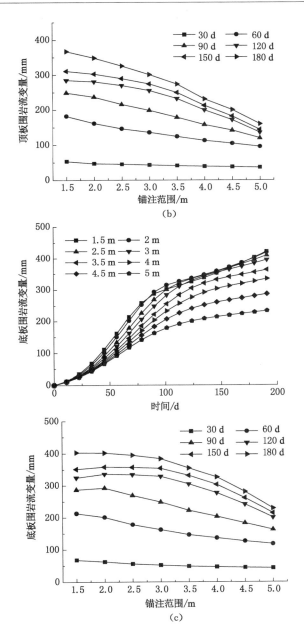

续图 4-20　不同锚注支护范围对应的巷道
围岩流变量与时间的关系曲线

（b）顶板；（c）底板

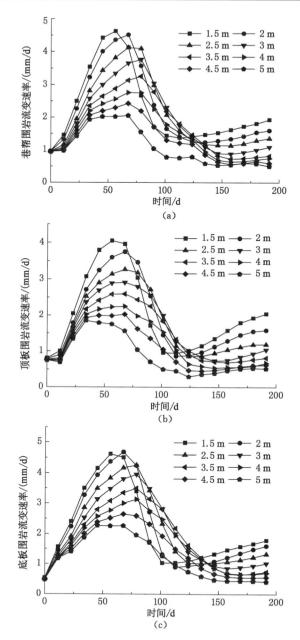

图 4-21　不同锚注支护范围对应的巷道
围岩流变速率与时间的关系曲线

（a）巷帮；（b）顶板；（c）底板

值,之后随时间推移,围岩流变速率逐渐减小,围岩流变曲线趋于平缓,巷道随即进入稳定流变段。随着锚注支护范围的增大,锚注支护结构对巷道围岩施加的径向约束力也愈大,当锚注支护范围增加至一定程度后,锚注支护结构的承载能力足以抵抗围岩流变变形,可长时间保持巷道围岩稳速流变;若锚注支护结构的承载能力不足以抵抗围岩流变变形,则巷道围岩进入流变加速段。

(2) 锚注支护范围的增加可有效控制巷道围岩的流变变形量。随着锚注支护范围的增加,锚注支护结构承载能力不断加大,巷道围岩流变量随之减小。当锚注支护范围为 1.5 m 时,巷道二次支护 200 d 后,巷帮及顶板、底板围岩流变量分别为 437 mm、388 mm 和 422 mm;而锚注支护范围增加至 5 m 以后,其围岩变形量分别减小至 211 mm、166 mm 和 233 mm,其围岩变形量减幅分别为52%、57%和 45%。

(3) 巷道围岩流变速率随着锚注支护范围的增加而逐渐减小。当锚注支护范围由 1.5 m 增加至 5 m 后,巷帮及顶板、底板围岩最大流变速率则由4.6 mm/d、4.1 mm/d 和 4.6 mm/d 分别减小至 2.1 mm/d、1.9 mm/d 和2.3 mm/d,其减幅分别为54%、54%和50%。当锚注支护范围小于 3.5 m 时,观测期内巷道均进入了流变加速段;锚注支护范围越小,围岩流变速率增幅越大,如当锚注支护范围为 1.5 m 时,巷道二次支护 200 d 后,巷帮及顶板、底板围岩流变速率分别增加至 1.8 mm/d、1.7 mm/d 和 1.7 mm/d,分别为当锚注支护范围为 3 m 时的1.64 倍、1.63 倍和 1.68 倍。而当锚注支护范围大于 3.5 m 时,巷道二次支护200 d 后,围岩仍处于稳速流变阶段,巷帮及顶板、底板围岩流变速率均小于1 mm/d。

(4) 巷道二次支护完成的最初 30 d 内,锚注支护范围的增加对巷道流变变形的控制效果并不明显;巷道二次支护完成 60 d 后,锚注支护范围的增加对巷道流变控制效果的差异性开始出现,并随着时间的增加,其差异性愈加明显。当锚注支护范围小于 2.5 m 时,锚注支护范围的增加对巷道围岩流变变形的控制效果不明显。当锚注支护范围由 1.5 m 增加至 2.5 m 时,巷道二次支护 200 d 后巷帮及顶板、底板围岩流变量仅由 437 mm、388 mm、422 mm 分别减小至 409 mm、340 mm、408 mm,其减幅分别为 6.4%、12.4%和 3.3%。而当锚注支护范围大于 2.5 m 时,随着锚注支护范围的增加,巷道围岩流变量急剧减小,如当锚注支护范围由 4 m 增加至 5 m 时,同样锚注支护范围增幅(1 m)下,巷帮及顶板、底板围岩流变量分别由 299 mm、239 mm、334 mm 减小至 211 mm、166 mm、233 mm,其减幅分别高达 30%、31%和 30%。

综上分析得知,锚注支护范围对深部巷道围岩流变变形的控制同样是一个与时间相关的过程;锚注支护范围的增加在有效降低围岩流变速率和流变量的同时,对于延长巷道稳速流变时间,避免巷道过早进入加速流变阶段的作用效果显著。确定二次锚注支护范围时,综合考虑控制效果和支护成本。通过上述锚注支护范围对张双楼矿一1 000 m 西大巷围岩流变变形的控制效果的数值模拟分析得知,锚注支护范围大于 3.5 m 后,不仅可有效降低巷道围岩流变量,还可有效延长围岩稳速流变的时间,避免巷道过早进入流变加速段。因此,试验巷道合理的锚注支护范围应大于 3.5 m。

4.5 本章小结

本章采用数值模拟方法,研究了不同卸压程度下巷道围岩的流变特征;以充分卸压巷道作为研究对象,通过分析不同二次支护时机对巷道围岩流变变形的控制效果,提出了合理二次支护时机的确定原则;综合采用理论分析与数值模拟的方法,研究了二次锚注支护强度及范围与深部巷道围岩流变变形间的相互作用关系。本章主要取得以下结论。

（1）分析了不同卸压状态下深部钻孔卸压巷道围岩流变特征,巷道进入流变阶段后,若卸压钻孔未闭合,则其残余空间可继续为巷道围岩的膨胀变形提供补偿空间,从而减小围岩位移。卸压钻孔一旦趋于闭合后,卸压部位围岩随即产生向巷道断面方向的收敛,并且由于卸压钻孔对围岩结构及承载能力的弱化作用,导致卸压部位围岩流变速率大于其他部位的或无卸压钻孔时的。卸压部位为巷道流变阶段中的薄弱环节,施加必要的二次支护对维护深部钻孔卸压巷道的稳定是十分关键的。

（2）研究了二次支护时机对深部钻孔卸压巷道围岩稳定性的控制效果,提出了二次支护时机的确定原则。二次支护时机对控制深部钻孔卸压巷道的稳定至关重要。若二次支护过早,卸压钻孔并未完全失效,其仍发挥着转移围岩高应力和补偿膨胀变形的作用,在应力调整过程其将对支护结构产生新的破坏。二次支护太晚将导致围岩破坏程度增加,不利于支护结构与围岩的强度耦合。在卸压钻孔趋于闭合时进行二次支护,不仅保证卸压钻孔残余空间完全被有效利用,还可避免围岩过度流变引发其结构破坏。张双楼矿一1 000 m 西大巷合理的二次支护滞后时间为卸压钻孔开挖 40~60 d 以后。

（3）建立了深部巷道锚注支护结构弹黏塑性力学模型,推导了巷道围岩流变量及流变速率的表达式,分析了锚注支护强度及范围对巷道流变变形的时效性控制效果。通过分析得到：① 巷道围岩流变速率及流变量随着锚注支护强度及支护范围的增加而逐渐降低。锚注支护强度及支护范围增加至一定程度后,再继续提高锚杆支护强度,对于巷道围岩流变变形的控制效果趋于平缓。② 锚注支护强度及支护范围的提高可有效缩短巷道围岩进入流变稳定阶段所需的时间。巷道围岩进入稳定流变所需时间与锚注支护强度及支护范围之间的关系均较高程度符合负指数关系。③ 从技术和经济方面考虑,确定合理锚注支护参数对于深部巷道围岩流变变形的控制至关重要。

(4) 采用数值模拟方法,分析了锚注支护强度及支护范围对深部巷道围岩流变变形控制效果。通过分析得到:① 锚注支护强度及支护范围对巷道围岩流变变形的控制均是与时间相关的过程二次支护完成初期,锚注支护强度及支护范围的改变对围岩流变的控制并不明显。随着时间的推移,其控制效果差异性逐渐凸显。② 随着锚注支护强度的增加,巷道围岩流变变形逐渐减小。当锚注支护强度增加至一定程度后,再继续提高锚注支护强度,其对围岩流变变形控制效果趋于平缓。③ 控制巷道围岩流变变形同时需要一个合理的锚注支护范围。锚注支护范围较小,不利于二次支护结构的构建,难以控制巷道流变变形。锚注支护范围增加至一定程度后,巷道围岩流变速率及流变量均得呈线性关系减小。④ 数值模拟结果一定程度上验证了理论计算结果的合理性。对于张双楼矿 $-1\,000$ m 西大巷,经济合理的锚注支护强度应为 0.25 MPa,锚注支护范围应不小于 3.5 m。

5 深部巷道围岩钻孔卸压与锚注支护协同控制技术

第 3 章与第 4 章分别讨论了深部巷道卸压钻孔参数的确定方法以及二次锚注支护技术对深部钻孔卸压巷道围岩稳定性的控制效果。按时间区分,深部巷道主要经历一次支护、钻孔卸压和二次支护三个阶段。其中,卸压钻孔是在巷道一次支护完成后施工的。卸压钻孔的开挖对于巷道一次支护结构必然产生一定程度的扰动。本章在分析卸压钻孔对一次锚杆(索)支护结构受力作用规律的基础上,提出深部巷道一次让压支护技术。该技术的提出可进一步完善深部巷道围岩"卸压-支护"控制技术,使其形成完整的技术体系。

5.1 深部巷道一次让压支护技术

5.1.1 卸压钻孔对支护结构受力的作用规律

5.1.1.1 支护结构数值计算模型建立

建立如图 5-1 所示的深部钻孔卸压巷道一次支护锚杆(索)受力分析模型。巷道围岩力学参数与强度衰减规律参数参照表 2-9 和表 2-10 取值。模拟巷道支护参数与现场初期施工参数一致。顶帮锚杆间排距为 $800 \text{ mm} \times 800 \text{ mm}$,每

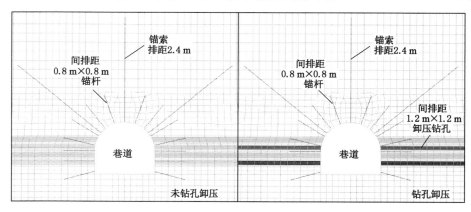

图 5-1 巷道模拟支护断面

排 15 根锚杆;顶板采用锚索加强支护,排距为 2 400 mm,每排 3 根。锚杆(索)
支护结构由 FLAC³ᴰ 内置 cable 单元生成。支护结构力学参数如表 5-1 所示。
由于数值计算软件中锚杆(索)结构单元本构关系遵循摩尔-库伦原则,所以当结
构单元受力大于杆体自身极限强度后,其将进入屈服状态。此时,结构单元受力
不再变化。为真实反映卸压钻孔对锚杆(索)结构单元受力的影响规律,当确定
杆体强度参数取值时,应避免结构单元进入屈服状态,即确保抗拉强度取值应大
于结构单元所受最大轴力。卸压钻孔参数如表 5-2 所示。

表 5-1 支护结构力学参数

类别	弹性模量/GPa	抗拉强度/kN	水泥浆黏结力/MPa	水泥浆摩擦角/(°)	水泥浆刚度/MPa	预应力/kN
锚杆	40	500	2	30	20	40
锚索	100	1 000	6	35	50	120

表 5-2 卸压钻孔参数

类别	钻孔排距/m	钻孔间距/m	钻孔长度/m	钻孔直径/mm
参数	1.2	1.2	9	300

5.1.1.2 卸压钻孔对支护结构受力的作用规律

分析卸压钻孔对巷道锚杆(索)单元支护单元受力作用规律时,以无钻孔巷
道作为对比模型,锚杆(索)单元轴力分布如图 5-2 所示。由图 5-2 可知,卸压钻
孔对巷道一次支护结构受力的影响具有以下规律。

(1)锚杆(索)结构单元通过施加一定刚度的预应力,将巷道浅部围岩有效
地组合成承载结构体,从而抵抗巷道的大变形。在锚杆(索)的有效工作期间,锚
杆(索)主要受到围岩膨胀变形压力的作用,两者普遍处于张拉状态。

(2)巷道无卸压钻孔时,不同位置锚杆受力差异性较大。锚杆最大轴向拉
力位于巷帮靠肩角位置,约为 262 kN,主要由于巷道处于垂直应力场环境中,巷
帮为巷道变形破坏的主要位置,在围岩膨胀变形压力的作用下,巷帮锚杆受力将
显著增加。随着与巷帮距离增大,锚杆轴力逐渐减小。例如,巷道肩角位置锚杆
轴力处于 196~211 kN 范围内;巷道顶板及底角锚杆受力最小,约为 144 kN。
锚索轴力分布与锚杆的相类似;顶板锚索轴力最小,仅为 338 kN;肩角锚索轴力
高达 364 kN;锚索的承载能力远大于锚杆的,围岩膨胀变形压力主要由锚索
承载。

(3)巷道两帮开挖卸压钻孔后,巷帮锚杆轴力仅有小幅衰减,但仍保持较大

量值。例如,巷帮锚杆最大轴向拉力仅由 262 kN 减小至 256 kN,其减幅为 1.5%,主要是由于巷帮卸压钻孔的开挖转移了巷帮围岩高应力,巷帮表面围岩膨胀变形得到控制,从而减小了巷帮锚杆的受力。但是,巷帮围岩应力的降低将加剧巷道其他部位围岩的应力调整程度,导致卸压钻孔邻近部位(肩角)锚杆(索)的受力显著增加。该处锚杆轴力相比于无卸压钻孔时的,由 196 kN 增加至 224 kN,其增幅约为 14.3%;该处锚索轴力相比于无卸压钻孔时的,则由 364 kN 增加至 435 kN,其增幅为 19.5%。

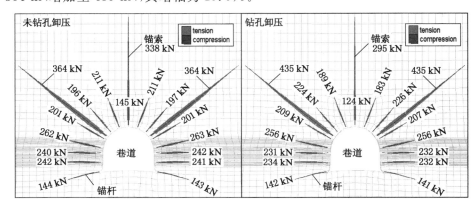

图 5-2 锚杆(索)单元轴力分布

控制深部高应力巷道的稳定性,支护体除应能适应巷道的大变形,还需长期保持一定的支护强度。现场工程实践经验表明,巷道掘出后进入初期弹塑性变形阶段,伴随着围岩变形破坏能量的释放,围岩变形速率及变形量均较为剧烈。卸压钻孔的开挖仅在很小程度上缓解了卸压部位支护结构的受力程度,同时增加了卸压钻孔邻近部位支护结构的轴向拉力,难免出现锚杆、锚索的破断现象,诱发巷道局部围岩的灾变失稳。国内外学者通过对深部巷道围岩稳定控制问题展开大量研究后,提出了"先柔后刚、先让后抗"的支护理念,即"初期让压,后期抗压"的支护方法。据此作者提出了深部巷道一次高强让压支护技术。该技术经过现场大量工程验证,得到国内外许多矿井技术人员的认可。因此,为避免高应力及卸压钻孔开挖引发支护结构失效,从而导致的深部巷道围岩变形失稳问题,对巷道采取必要的一次让压支护是十分关键的。

5.1.2 高强让压锚杆(索)支护作用机制

高强让压锚杆(索)是针对深部、软岩和受动压影响的大变形巷道而专门设计的一种可延伸锚杆(索)。如图 5-3 所示,高强让压锚杆(索)通过在托盘与螺

母(锁具)之间安装一个具有让压功能的让压管,当巷道围岩所受压力较大时,能
够使锚杆(索)在高支护阻力情况下适应巷道围岩大变形的需要。高强让压锚杆
(索)的杆体一般由高强螺纹钢(钢绞线)加工制成。通过对围岩施加高量级的预
应力,高强让压锚杆(索)能够有效提高支护强度,控制复杂条件下巷道围岩的大
变形,同时具有结构简单、可操作性强、成本低等优点,目前在国内复杂条件巷道
稳定控制中得到了广泛应用。

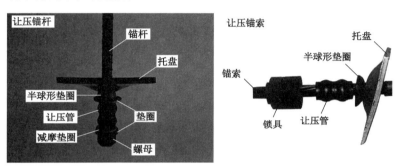

图 5-3　高强让压锚杆(索)结构

5.1.2.1　高强让压锚杆(索)力学特性

高强让压锚杆(索)的让压管由无缝钢管制成。可根据具体的现场巷道变形
条件,把高强让压锚杆(索)制作成不同规格以适应不同的围岩变形和压力。锚
杆让压管让压载荷一般为锚杆屈服载荷的 0.6～0.75 倍。锚索让压管让压载荷
一般为锚索破断载荷的 0.25～0.35 倍。根据高强让压锚杆(索)的结构特点、材
料特性及试验特征曲线,可将高强让压锚杆(索)的理想力学特性曲线总结为五
个阶段,如图 5-4 所示。

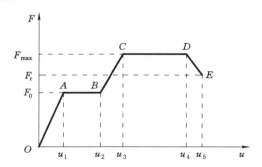

图 5-4　高强让压锚杆(索)理想力学特性曲线

（1）OA 阶段：此阶段高强让压锚杆（索）处于弹性变形阶段。

（2）AB 阶段：此阶段让压管进入塑性屈服阶段，锚杆（索）受力仅有很小的变化。在恒定阻力的作用下，让压管逐渐被压扁，杆体长度相对加长。其主要产生让压滑动变形。让压管被完全压扁后，其力学特性曲线对应到 B 点。

（3）BC 阶段：让压管完全屈服后，锚杆（索）载荷逐渐增加，但锚杆（索）仍处于弹性变形阶段。

（4）CD 阶段：此阶段锚杆（索）载荷大于其屈服应力，锚杆（索）进入塑性变形阶段，锚杆（索）保持着恒定的最大工作阻力。

（5）DE 阶段：此阶段锚杆（索）杆体出现脆性破坏特征。当杆体受力大于其极限强度时，锚杆（索）锚固力迅速下降，直至失效。

与普通锚杆（索）相比，高强让压锚杆（索）力学特性曲线增加了一个平台（即 AB 段）。这主要是因为设计让压管的让压点（让压管的起始让压载荷）低于锚杆（索）杆体自身的屈服载荷，让压管会先于锚杆（索）杆体屈服变形，让压管在恒阻条件下变形并不影响锚杆（索）支护系统的工作性能，同时增加了支护体系适应大变形的能力。

5.1.2.2 高强让压锚杆（索）支护作用机制

对于深部高应力巷道，提高锚杆（索）支护强度，是控制围岩大变形的有效途径之一。但是，锚杆（索）支护强度的增加，其延伸率及围岩变形能的释放程度均有所减小。从能量角度分析，让压管的压缩吸收了部分巷道围岩变形所释放的能量，其间支护强度并无明显改变，即围岩在恒定高支护阻力条件下释放变形破坏能量，避免支护结构失效，保持巷道长期稳定。对于深部钻孔卸压巷道，高阻让压锚杆（索）的支护作用机理可总结如下所述。

（1）使锚杆（索）支护结构在恒定高阻条件下产生稳定变形，释放部分聚集在围岩内部的变形破坏能量，减小有害变形及卸压钻孔的开挖给支护结构带来的附加应力。深部巷道所处应力较高。巷道开挖后，伴随围岩高应力重分布过程，围岩必然产生大量碎胀变形，且卸压钻孔的开挖加剧了围岩应力调整程度，给锚杆（索）支护结构带来了不利的附加应力。让压管可使支护结构在恒阻条件下产生稳定变形，释放部分变形破坏能量。

（2）避免锚杆（索）在巷道钻孔卸压阶段产生破断，保持支护结构的完整性。对于深部高应力巷道，围岩剧烈的膨胀变形导致锚杆（索）支护结构荷载较高，卸压钻孔的开挖仅能小幅缓解卸压位置支护结构受力，同时增加了巷道其他部位（如肩角）支护结构的受力。采用高强让压支护技术，可释放部分变形破坏能量，一定程度上起到保护锚杆（索）的作用。

（3）限制围岩破碎区的发展，避免巷道围岩因支护结构失效引发的局部失稳现象。高强让压锚杆(索)使巷道围岩在恒阻条件下产生变形,降低锚杆破断率,长期保持支护结构的承载能力和完整性,可有效避免因局部支护结构失效引发的围岩破碎区急剧扩展,防止巷道围岩局部失稳现象的产生。

5.1.2.3 不同高阻让压距离对巷道围岩变形控制效果分析

采用高强让压支护技术,可使围岩在恒定高阻条件下产生稳定变形。在让压管的有效作用距离内,锚固体支护阻力几乎不随围岩的变形而衰减;当让压管完全屈服后,锚杆(索)支护结构受力逐渐增加,并屈服破坏,锚固体支护阻力随之降低。模拟高阻让压距离对巷道围岩变形控制效果时,巷道开挖后,对围岩表面施加 1 MPa 的支护反力模拟支护阻力。假设在让压管有效工作距离内支护阻力不衰减,当巷道变形量大于让压管有效距离时,支护阻力随着巷道围岩变形量的增加逐渐衰减至 0.5 MPa。让压管有效让压距离模拟方案取 0 mm、10 mm……100 mm,巷道围岩变形量计算结果如图 5-5 所示。

由图 5-5 可知,不同高阻让压距离下,巷道围岩变形具有以下特征:随着高阻让压距离的增加,巷帮及顶底板变形量均近似线性关系衰减。当巷道不采用高强让压支护技术时(支护反力为 0.5 MPa 时),巷帮及顶底板变形量分别为313 mm、256 mm 和 255 mm。随着让压距离的逐渐增加,巷道围岩变形量得到有效控制。当巷道高阻让压距离为 100 mm 时,巷帮及顶底板变形量分别减小至 183 mm、162 mm 和 155 mm,相比于不采用高强让压支护技术时,其减幅分别为 41.5%、36.7% 和 39.2%。

上述分析表明:通过增加高阻让压距离,可延长巷道围岩稳定变形时间,避免因锚固区支护阻力的衰减诱发围岩大变形的产生。这验证了高强让压支护技术的作用机制。

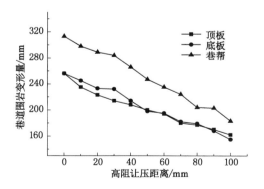

图 5-5 不同让压距离下巷道围岩变形曲线

5.2 深部钻孔卸压巷道二次锚注支护技术

二次锚注支护的对象为已经进入流变阶段的深部钻孔卸压巷道。巷道自开挖以后相继经历了一次支护和钻孔卸压两个阶段,围岩结构(尤其是卸压部位)破碎程度较高,无法保持自身的稳定性。依据"先柔后刚、先让后抗"的控制理念,此阶段应通过施以高强度的二次支护,抵抗巷道围岩的流变变形,将围岩应力峰后围岩流变速率控制在一定范围内,使其长期保持速率较低的等速流变,尽可能地保证在巷道服务年限内,阻止围岩向加速流变转化。二次锚注支护是深部巷道投入使用前的最后一道关键步骤。其支护强度及工程质量直接影响着巷道维护效果。锚注支护技术将锚固和注浆加固技术有机结合在一起。其目的是解决破碎围岩的维护问题。本节将对注浆加固技术和高强锚杆(索)支护技术分别进行讨论。

5.2.1 深部钻孔卸压巷道注浆加固技术

由 4.3.1 节研究结果可知,合理的二次支护时机应在卸压钻孔基本闭合,围岩应力调整趋于稳定以后。此时,巷道已经进入流变变形阶段,围岩破碎范围较大、变形强烈。若直接对破碎围岩施以锚杆(索)支护,则由于围岩相对比较破碎,锚固剂与围岩黏结力小,锚固力低,锚杆(索)力学性能不能充分发挥,很难有效控制围岩的大变形。对于此类巷道进行二次加固或修复前,应先对巷道变形破碎围岩进行注浆固结。在总结注浆加固机理的基础上,分析了破碎围岩高水材料固结体的力学性能,提出了深部钻孔卸压巷道高水材料注浆加固技术。

5.2.1.1 破碎围岩注浆加固机理

(1)提高岩体强度

对于破碎围岩巷道,采用注浆加固技术,可有效改善弱面的力学性能(即提高裂隙围岩的弹性模量、黏聚力和内摩擦角,增大岩体内部块间相对位移的阻力),从而提高围岩的整体稳定性。

(2)形成承载结构

在破碎松散岩体巷道实施注浆加固技术,可使破碎岩块重新胶结成整体,形成承载结构,充分调动围岩的自稳能力,从而减轻支护结构受力。同时,注浆加固层可为锚杆(索)支护提供可靠的着力基础,使锚杆(索)对松散岩层的锚固作用得到有效发挥。

(3)改善赋存环境

对巷道围岩注浆加固后,浆液固结体封闭裂隙,阻止水汽侵入内部岩体,防止水害和风化,对保持围岩力学性质、实现巷道长期稳定意义重大。

5.2.1.2 高水材料固结体力学性能分析

注浆材料的选择直接决定着注浆加固效果的好坏。浆液的消耗又决定了注浆加固方法的经济成本。目前,矿用注浆材料主要分为化学浆液和水泥浆液两大类。其中,化学浆液的优点是渗透性好、胶凝时间可调、强度高,其缺点主要是成本高、毒害性大,一般只在需快速固化的重要工程中使用。水泥浆液的优点是材料来源广泛、价格低、固结体强度高,其缺点是水灰比小、流动性差、易沉淀渐水、凝结时间较长。高水材料属于水泥类注浆加固材料,一般是指在水灰比大于或等于 1.5:1 的高水灰比条件下,能够快速凝结、全部固化的用于沿空留巷巷旁充填和围岩注浆工程的胶结材料,也称为高水充填材料。高水材料自 20 世纪 70 年代末研制成功以来,经过几十年的性能改良及工艺改进,克服了传统水泥材料自身的不足。目前使用的高水材料具有凝固速度短、水灰比高、流动渗透性好、不出水、固结体塑性好、能够适应围岩变形、成本低等优点,可满足不同充填或注浆工程的需要。

破裂岩体和松散煤岩体注浆固结实验都表明:注浆固结效果的影响因素包括三个方面:岩石材料性能(结构块体的力学性能、岩性状态、应力状态等)、注浆材料性能(浆液配比、凝胶体强度、渗透性能等)、注浆参数(注浆压力等)。张农等采用正交试验方法,对不同高水材料注浆压力、浆液水灰比下的破碎岩石试块进行了单轴压缩试验。其试验结果如图 5-6 所示。由图 5-6 可知。在岩性、水灰比和注浆压力中,岩性对注浆效果的影响最大,水灰比的影响其次,注浆压力的影响最小。这主要因为岩性从根本上决定固结体的力学性能。岩体的破碎程度和状态又是至关重要的。对于进入流变阶段的深部巷道,尤其是经历过钻孔卸压阶段以后的深部巷道,其围岩破碎程度必然大于未进行卸压时的。此时,采用高水材料对破碎围岩进行注浆加固,其力学性能得到改善后,其自身的黏结系数也得到相应提高,对控制破碎区及塑性区内围岩的流变起到积极的作用。

5.2.2 深部钻孔卸压巷道高强锚杆(索)二次支护技术

5.2.2.1 高强度锚杆(索)力学性能

为控制深部钻孔卸压巷道围岩的流变变形,破碎围岩注浆加固完成后,应及时对巷道施以高强度的锚杆(索)二次支护,此时,应重点提高支护结构的自身抗拉强度及抗剪强度。锚杆(索)是兼有支护和加固两种作用的支护形式:(1)通过高量级的径向锚固力对巷道表面施加围压,改变围岩受力状态,提高围岩自身稳定性,从而起到支护作用;(2)锚杆(索)施加以后,杆体贯穿围岩中的弱面,通

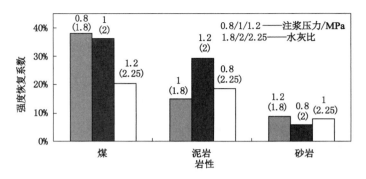

图 5-6　高水材料固结体力学性能正交试验结果

过改善弱面的力学参数提高围岩的强度,发挥加固作用。

　　近年来,随着我国对锚杆(索)支护技术研究的投入,科研人员逐步认识到高强度高刚度锚杆(索)支护材料的重要性。经过近几年的研究和试验,科研人员研发出高强度和超高强度级别的锚杆(索)。其力学性能如表 5-3 和表 5-4 所示。

表 5-3　　　　　　　　　　　　　常用锚杆钢筋的力学性能

类别	屈服强度 /MPa	抗拉强度 /MPa	拉断载荷/kN				
			$\phi16$ mm	$\phi18$ mm	$\phi20$ mm	$\phi22$ mm	$\phi25$ mm
Q235	240	380	76.4	96.7	119.4	144.5	186.5
BHRB335	335	490	98.5	124.7	153.9	186.3	240.5
BHRB400	400	700	114.6	145.0	179.1	216.7	279.8
BHRB500	500	670	134.7	170.5	210.5	254.7	328.9
BHRB600	600	800	160.8	203.6	251.3	304.1	392.7

表 5-4　　　　　　　　　　　　　不同锚索索体的力学性能

结构	公称直径/mm	拉断载荷/kN	延伸率/%
1×7 结构	15.2	260	2.5
	17.8	353	4
1×19 结构	18	408	7
	20	510	7
	22	607	7

5.2.2.2 锚固体力学性能

依据锚杆支护围岩强度强化理论,锚杆支护可提高锚固体的力学参数。这些力学参数包括锚固体破坏前和破坏后的力学参数(如弹性模量 E、内聚力 c、内摩擦角 φ)。锚杆支护改善被锚固岩体的力学性能。同时,巷道锚杆支护可改变围岩的应力状态、增加围压、提高围岩的承载能力、改善巷道的支护状况。侯朝炯等采用室内相似材料模拟试验,研究了锚固强度对锚固体力学参数的作用规律,并在平面应变加载情况下,根据试验结果(如表 4-5 所示)回归分析得到了锚固体的极限强度与残余强度的表达式,如式(5-1)和式(5-2)所示。

$$\sigma_1 = 0.4 + 15.89\sigma_3^m + 2c\tan\left(45° + \frac{\varphi}{2}\right) \quad (R^2 = 0.968) \quad (5\text{-}1)$$

$$\sigma_1^* = 0.4 + 15.89\sigma_3^m + 2c^* \tan\left(45° + \frac{\varphi^*}{2}\right) \quad (R^2 = 0.967) \quad (5\text{-}2)$$

式中,σ_1、σ_1^* 分别为锚固体极限强度和残余强度,MPa;σ_3^m 为锚杆提供的支护强度,MPa;c、c^* 分别为锚固体内聚力及残余内聚力,MPa;φ、φ^* 分别为锚固体内摩擦角和残余内摩擦角,(°)。

由式(5-1)和式(5-2)可以得知,锚固体极限强度 σ_1 和残余强度 σ_1^* 随锚杆支护强度 σ_3^m 的增加而增加。对于深部钻孔卸压巷道来讲,围岩表面产生较大程度的碎胀变形,此时对巷道施以二次支护。其主要目的是提高锚固体的残余强度,从而控制巷道的流变变形。将表 4-5 所示的不同锚杆支护强度与锚固体参数的对应关系代入式(5-2),得到支护强度与锚固体残余强度间的关系曲线,如图 5-7 所示。由图 5-7 可知,锚固体残余强度 σ_1^* 主要受锚杆支护强度 σ_3^m 的影响,两者之间存在着近似线性的关系,即随着的 σ_3^m 增长,σ_1^* 呈线性关系增长。因此,提高锚杆支护强度可有效提高锚固体的承载能力。

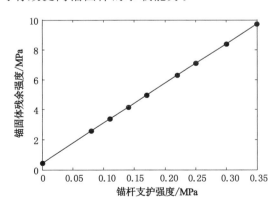

图 5-7 锚固体残余强度与锚杆支护强度的关系曲线

5.2.2.3 巷道二次高强锚杆(索)支护关键参数确定

（1）锚固深度

锚杆杆体为强度较大的刚性体,井下运输及施工过程中均不可弯折。受煤矿巷道断面制约,锚杆长度不宜太长。目前,根据煤矿巷道条件,锚杆杆体公称直径一般为 16～25 mm,长度为 1.6～3.0 m。螺纹钢锚杆杆体几何参数如表 5-5 所示。

表 5-5 螺纹钢锚杆杆体几何参数

项目	系列							
杆体直径/mm	16	18	20	22	25			
杆体长度/m	1.6	1.8	2.0	2.2	2.4	2.6	2.8	3.0
钻孔直径/mm	26	28	30	33				

本书第 4.2 节和第 4.3 节分别采用了理论计算和数值模拟的方法,研究了锚注深度对深部钻孔卸压巷道流变变形的控制效果,得出了合理的锚注深度应不小于 3.5 m。但这已经超出了锚杆杆体的有效锚固范围。为此,与顶板相同,巷帮亦可采用短锚索加强支护,以实现增加有效锚固范围的目的。图 5-8 给出了巷帮短锚索加固前后支护结构的轴向受力情况。由图 5-8 可知,巷道两帮采区短锚索加强支护后,顶板及肩角锚杆受力变化不大;而巷帮锚杆受力得到大幅衰减,巷帮锚杆最大轴力由 256 kN 减小至 222 kN,其幅约为 13.3%;巷帮施加短锚索后,巷道锚杆整体受力较为均匀,约为 200 kN。

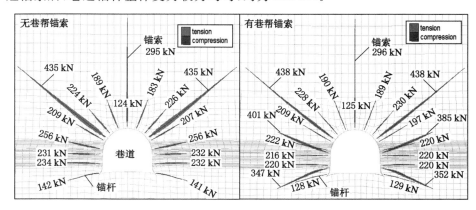

图 5-8 巷帮短锚索加固前后锚杆(索)结构单元轴力分布图

综上所述,预应力锚索具有承载能力高、预应力施加量级大等优点。在巷帮卸压部位施以短锚索支护,一方面增加了巷帮围岩的锚固深度;另一方面缓解了巷道卸压部位锚杆受力程度,使锚杆受力逐渐趋于均衡,减小了巷道围岩薄弱环节的存在,使巷道围岩与支护结构实现均匀承载,以控制围岩大变形的产生。

(2)锚杆密度

锚杆密度涉及两个参数:间距与排距。两者直接决定着巷道支护强度的大小。若锚杆密度过大,则单根锚杆形成的压应力区相互独立,相邻两锚杆间出现近零应力区,无法形成整体支护结构,支护效果较差。随着锚杆密度的减小,单根锚杆形成的压应力区逐渐靠近,并相互叠加,锚杆间有效应力区随之增大,预应力扩散到大部分锚固区域内。当锚杆密度增加到一定程度后,即使再增加锚杆密度,对于巷道有效压应力区扩大及预应力的扩散不再明显,支护效果改善有限,同时大大增加了巷道支护成本,降低了成巷速度。

锚杆支护强度的表达式为:

$$p = \frac{\sigma_t \pi d^2}{4 n_1 n_2} \tag{5-3}$$

式中,p 为锚杆支护强度,MPa;σ_t 为杆体材料的抗拉强度,MPa;d 为锚杆直径,mm;n_1、n_2 分别为锚杆间距和排距,mm。

将表 5-3 和表 5-5 中参数代入式(5-3)中,计算得到不同锚杆直径、材质、间排距下的锚杆支护强度,如表 5-6 所示。

表 5-6　　　　　锚杆直径、材质、间排距与锚杆支护强度间的关系

锚杆直径	锚杆材质	间排距/m				
		0.7×0.7	0.75×0.75	0.8×0.8	0.85×0.85	0.9×0.9
18 mm	BHRB335	0.254	0.222	0.195	0.173	0.154
	BHRB400	0.296	0.258	0.227	0.201	0.179
	BHRB500	0.348	0.303	0.266	0.263	0.21
	BHRB600	0.416	0.362	0.318	0.282	0.251
20 mm	BHRB335	0.314	0.274	0.24	0.213	0.19
	BHRB400	0.366	0.318	0.28	0.248	0.221
	BHRB500	0.43	0.374	0.329	0.291	0.26
	BHRB600	0.513	0.447	0.393	0.348	0.31

表 5-6(续)

锚杆直径	锚杆材质	间排距/m				
		0.7×0.7	0.75×0.75	0.8×0.8	0.85×0.85	0.9×0.9
22 mm	BHRB335	0.38	0.331	0.291	0.258	0.23
	BHRB400	0.442	0.385	0.339	0.3	0.268
	BHRB500	0.52	0.453	0.398	0.353	0.314
	BHRB600	0.621	0.541	0.475	0.421	0.375

由表 5-6 可知,随着锚杆直径的增大、材质的增强以及间排距的减小,锚杆支护强度逐渐增加。由第 4.3 节锚注支护强度对巷道围岩流变控制的数值模拟分析得知,经济合理的支护强度应为 0.25 MPa。设计锚杆支护强度时,需设定一个安全系数,其取值范围为 1.5~2。本书取安全系数为 1.5,计算得到控制深部钻孔卸压巷道流变变形所需的支护强度为 0.375 MPa。同时,综合考虑施工工程量、成巷速度等因素,锚杆间排距不宜过小。为此,设计锚杆间排距时,在保证有效支护强度的基础上,应通过增加锚杆直径及杆体强度的方法,实现增加锚杆间排距的目的,从而提高掘进速度。综上所述,最终确定张双楼矿—1 000 m 西大巷二次锚杆支护采用直径 22 mm、长度 2.4 m 的 BHRB500 型高强螺纹钢锚杆,锚杆间排距设置为 800 mm×800 mm。

(3) 锚杆预应力

预应力是锚杆支护中的关键因素,是区别主动支护和被动支护的重要标志。其主要作用为:① 提高支护系统的初始支护刚度;② 增加巷道护表能力,改善围岩受力状态;③ 改善围岩抗变形性能,实现围岩及支护结构共同承载。锚杆施加预应力后,岩体在垂直与锚杆安装方向上产生横向扩张变形,并在岩体横向约束的作用下产生横向挤压应力,增加锚固体内部节理面、裂隙面的摩擦力,有效控制围岩变形。横向挤压应力是锚固结构形成的必要条件。在单根预应力锚杆作用下,设与锚杆水平距离 r 的垂直截面上的总挤压力为 F_v,F_v 与 r 间的关系式为:

$$F_v = \frac{\nu P_b}{(1-\nu)\pi}\left[\frac{L_2^2}{4}\left(r^2+\frac{L_2^2}{4}\right)^{-\frac{3}{2}} - \left(r^2+\frac{L_2^2}{4}\right)^{-\frac{1}{2}} + r^{-1}\right] \tag{5-4}$$

式中,ν 为锚固体泊松比;P_b 为锚杆预紧力,kN;L_2 为锚杆的有效长度,m。

图 5-9 给出了单根锚杆横向挤压力与锚杆水平距离的关系曲线。由图 5-9 可知,围岩中横向挤压力随着与锚杆水平距离的增大近似负指数关系衰减;锚杆预应力越大,围岩横向挤压力衰减程度越缓慢,其传播距离越远。由此可得,通过增加锚杆预应力可显著提高围岩的横向挤压力。一般锚杆预应力取值范围应

为杆体屈服载荷的 30%～50%,锚索预应力取值范围则为其拉断载荷的 40%～70%。对于张双楼矿－1 000 m 西大巷,参照表 5-3 和表 5-4 所示的锚杆(索)力学性能参数,计算得到合理的锚杆预应力为 60 kN、锚索预应力为 180 kN。

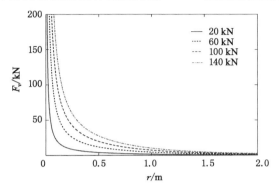

图 5-9　单根锚杆横向挤压力与锚杆水平距离的关系曲线

5.3　深部巷道围岩钻孔卸压与锚注支护协同控制原则

本书第 3 章分析了卸压钻孔对深部巷道围岩稳定性的作用规律,并提出了卸压钻孔相关参数的确定方法;第 4 章研究了二次锚注支护对深部钻孔卸压巷道围岩流变变形的控制效果,确定了合理的二次支护时机、锚注支护强度及范围。本章前面分析了卸压钻孔对巷道一次支护结构受力的作用规律,据此提出了深部巷道一次让压支护技术。总结上述研究成果,提出深部巷道围岩钻孔卸压与锚注支护的总体控制原则。

(1) 深部巷道一次让压支护原则

深部巷道开挖后,围岩在高应力作用下变形破坏严重,强烈的碎胀扩容变形导致巷道支护结构荷载急剧增大;同时,卸压钻孔的开挖将显著增加卸压区邻近围岩支护结构的受力,巷道围岩支护结构的不协调受力将给巷道维护带来极大的困难,极易引发锚杆(索)支护单元的破断,造成支护结构失效,从而引发巷道局部围岩的灾变失稳。通过对巷道一次支护采用高强让压支护技术,可使巷道在初期弹塑性变形阶段及钻孔卸压阶段的支护结构及围岩在恒定高阻力条件下产生稳定变形,释放聚集在围岩内部的部分变形破坏能量,减小锚杆(索)破断率,保持支护结构的完整性,避免因局部支护失效引发的巷道围岩灾变失稳现象。

(2) 深部巷道钻孔卸压控制原则

深部巷道产生大变形的直接原因是巷道所处环境应力高。转移巷道围岩周边高应力是控制深部巷道围岩变形的有效途径。通过对巷道采用钻孔卸压技术,可有效转移巷道围岩内的高应力,改善巷道围岩的应力环境,同时,卸压钻孔可为围岩的膨胀变形提供补偿空间,控制巷道变形。巷道一次支护完成后,卸压钻孔滞后开挖时间越短,其越能较早地参与围岩应力调整过程,对于巷道稳定性控制效果越好。因此,卸压钻孔应尽量紧跟巷道迎头施工。卸压钻孔方位及参数(长度、间排距、直径)是决定卸压效果的关键因素。本书第3.2节中提出了上述关键因素的确定方法。现场工程应用中,可按照该方法指导钻孔卸压参数的设计。

（3）深部钻孔卸压巷道二次锚注支护原则

深部高应力巷道掘巷初期,围岩主要以弹塑性变形为主。当巷道围岩应力调整基本趋于稳定后,巷道将表现出与时间相关的持续变形,即流变变形。一次支护结构在经历围岩强烈的弹塑性变形后,锚固力必然产生一定程度的衰减,尤其是卸压钻孔的开挖,破坏了卸压部位围岩的结构完整性,原有一次支护结构很难阻止围岩的持续流变。巷道二次锚注支护是在卸压钻孔基本闭合后施加的。此时,钻孔的卸压功能基本丧失,围岩应力调整趋于稳定。巷道二次锚注支护是巷道投入使用前最为关键的一道工序。其主要目的是将围岩流变速率控制在合理范围内,阻止围岩向加速流变发展,实现巷道长期稳定。因此,应充分保证巷道二次锚注支护强度及施工质量。

5.4 深部巷道围岩钻孔卸压与锚注支护协同控制技术路径

基于上节提出的深部巷道围岩"卸压支护"控制原则,开发深部巷道围岩钻孔卸压与锚注支护协同控制技术。该技术过程主要包括一次让压支护、钻孔卸压和二次锚注支护三个阶段。该技术包括掘巷初期一次高强让压支护、钻孔卸压技术及后期注浆加固技术、高强度锚杆(索)二次支护技术及关键部位短锚索加强支护技术等具体内容。该技术目的为控制深部巷道围岩剧烈变形和长期流变。深部巷道围岩"卸压支护"控制技术路线如图5-10所示。

5.5 本章小结

本章采用数值模拟的方法,分析了卸压钻孔对深部巷道一次支护中锚杆(索)受力的作用规律,提出了深部巷道一次让压支护技术;综合前两章的主要研究成果,提出了深部巷道围岩钻孔卸压与锚注支护协同控制原则及技术。本章

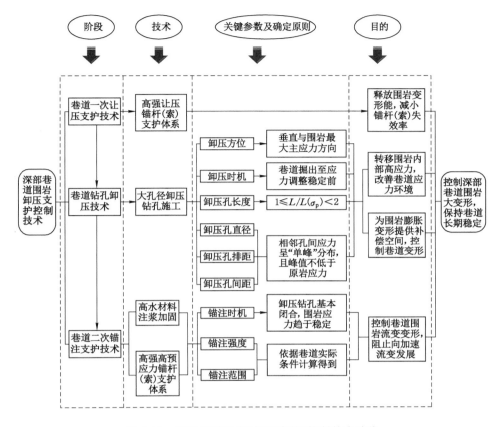

图 5-10　深部巷道围岩"卸压支护"控制技术路线

主要取得如下结论。

（1）采用数值模拟的方法，分析了卸压钻孔与巷道一次支护结构受力间的相互作用关系，得出：深部巷道受高应力作用，支护系统普遍承受较大的拉力，卸压钻孔可一定程度上缓解卸压部位支护结构受力，但同时增加了卸压区邻近围岩支护结构的荷载程度；巷道支护系统的非协调受力极易诱发支护单元破断、失效，进而引发巷道局部围岩失稳。据此提出了深部巷道一次高强让压支护技术。该技术可使巷道围岩在恒定高阻力条件下产生稳定变形，释放围岩部分变形破坏能量，减小锚杆（索）破断率，保持支护结构及围岩的稳定性。

（2）基于对高水材料固结体及锚固体力学性能的分析，提出了深部钻孔卸压巷道围岩二次锚注技术。该技术包括高水材料注浆加固技术、二次高强锚杆（索）联合支护技术及卸压薄弱部位短锚索补强支护技术。确定了二次锚注技术的关键参数。二次锚注支护技术兼有锚固与注浆加固两大功能。注浆先于二次锚杆(索)支护施工,可充分固结破碎围岩,为二次锚固提供着力基础,实现注浆与锚固充分耦合,通过提供高支护阻力控制围岩长期流变。

(3) 提出了深部巷道围岩钻孔卸压与锚注支护协同控制原则及技术。以时间为界限,该技术包括:① 一次高强让压支护技术,其目的在于缓解巷道弹塑性变形阶段和钻孔卸压阶段支护结构荷载程度,减小锚杆(索)失效率,避免局部围岩灾变失稳,为二次锚注支护创造较好的条件;② 钻孔卸压技术,此阶段通过施工大孔径卸压钻孔,转移巷道围岩周边高应力,为围岩膨胀变形提供补偿空间,减小巷道变形;③ 二次高强锚注支护技术,其目的在于控制后期围岩流变,阻止围岩向加速流变发展,保持巷道长期稳定。

6 工业性试验

本章基于上一章提出的深部巷道围岩钻孔卸压与锚注支护协同控制技术体系,选取徐矿集团张双楼矿－1 000 m 西大巷进行现场工业性试验。通过试验巷道现场工程应用情况及矿压显现反馈结果,以验证该技术的合理性。

6.1 试验巷道地质条件

试验巷道位于徐矿集团张双楼矿西二采区,其采掘工程平面如图 6-1 所示。巷道东起－1 000 m 西一采区联络巷,西至－1 000 m 水平西二下车场设计位置,南北均为未采区。巷道自－1 000 m 西一采区联络巷开门,以 3‰上山的坡度施工约 1 310 m 至设计位置。全程为岩巷。巷道施工区域位于一倾向 NW 的单斜构造中,岩层赋存倾角为 16°～20°,无断层、陷落柱等地质构造。

－1 000 m 西大巷开门处位于太原组四灰底板层位中,巷道顶底板综合地质柱状图如图 6-2 所示。该层位赋水性一般,预计掘进时最大涌水量 15 m³/h,正常涌水量 3 m³/h。巷道平均埋深 1 030 m。巷道掘进断面为直墙半圆拱形,其断面尺寸(宽×高)为 4.8 m×4.4 m。图 6-3 给出了巷道掘进预测剖面图。由图 6-3 可知,巷道掘进沿途揭露的岩性包括灰岩、细(粉)砂岩、煤线、砂质泥岩及泥岩,其中主要揭露岩性为砂质泥岩和泥岩,约占巷道掘进总长度的 85%。

6.2 巷道"卸压支护"技术设计

6.2.1 一次高强让压支护技术及参数

(1)试验巷道掘出后,即刻对巷道施以高强让压锚杆(索)支护技术。锚杆型号为 BHRB500,锚杆规格为 $\phi22$ mm×2 400 mm,锚杆间排距为 800 mm×800 mm,配套使用的碟形托盘规格为 100 mm×100 mm×12 mm。对锚杆采用 1 支 CK2360 型和 1 支 Z2360 型树脂药卷锚固剂进行加长锚固。让压管让压载荷为 14 t。

(2)巷道顶板采用 $\phi18.9$ mm×8 300 mm 锚索加强支护。锚索排距为 1 600 mm。每排布置 3 根锚索。对锚索采用 1 支 CK2360 型和 2 支 Z2360 型树

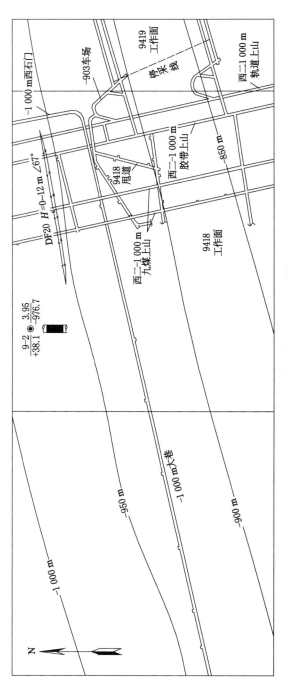

图6-1 试验巷道采掘工程平面图

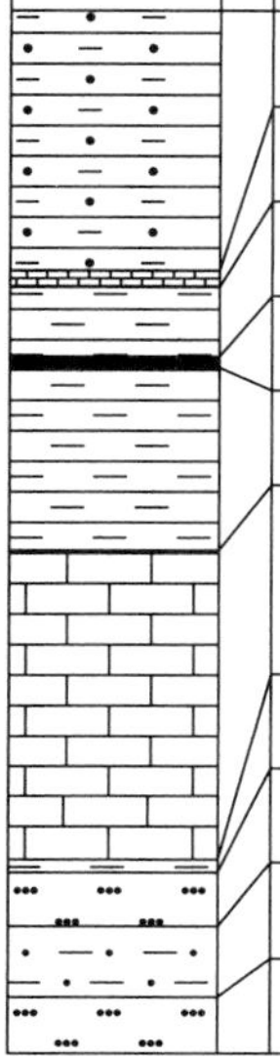

岩层柱状	层厚/m	岩层名称	岩层描述
	10.14	砂质泥岩	致密坚硬，泥质含量多，具水平层理
	0.66	三灰	块状构造，发育不稳定，致密坚硬
	2.72	泥岩	致密性脆，泥质含量多，具水平层理
	0.44	煤	黑色，裂隙发育，发育较稳定
	7.19	泥岩	致密性脆，泥质含量多，具水平层理
	12.2	四灰	致密坚硬，上部具燧石结核，局部裂隙发育，充填方解石脉，块状结构
	0.50	泥岩	致密性脆，泥质含量多，具水平层理
	2.08	细砂岩	坚硬致密，块状构造，钙质胶结
	2.80	砂质泥岩	致密坚硬，泥质含量多，具水平层理
	2.22	细砂岩	坚硬致密，块状构造，钙质胶结

图 6-2　巷道顶底板综合地质柱状图

图 6-3　巷道掘进预测剖面图

脂药卷锚固剂加长锚固。让压管规格与锚杆规格一致。与锚索配套使用的高强托盘是规格为 300 mm×300 mm×16 mm。

（3）巷道顶帮铺设 $\phi 6$ mm 钢筋网。钢筋梯子梁采用 $\phi 16$ mm 圆钢制作。

巷道一次支护断面和支护技术参数如图 6-4 所示。

6.2.2　钻孔卸压技术及参数

巷道一次支护完成后，尽快排矸，尽可能紧跟掘进工作面迎头对巷道施工大孔径卸压钻孔。现场实测卸压钻孔施工滞后工作面距离为 30～50 m。依据第 3.3 节确定的卸压钻孔参数，结合现场钻机性能指标，确定卸压钻孔的施工位置为巷帮围岩；确定卸压钻孔施工技术参数为：钻孔直径 115 mm，两帮每排各布

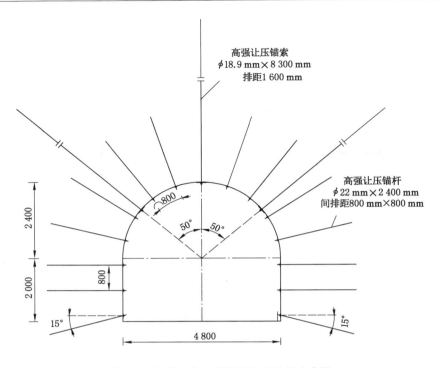

图 6-4　巷道一次支护断面和支护技术参数

置 2 个钻孔,钻孔间距 1 000 mm,钻孔排距 800 mm,钻孔长度 10 m。巷帮卸压钻孔布置如图 6-5 所示。

6.2.3　二次高强锚注支护技术及参数

　　巷帮卸压钻孔开挖后,及时布置矿压监测站,监测巷道围岩变形量、破碎区分布及钻孔结构闭合情况。依据实测矿压结果,待巷道两帮卸压钻孔基本处于闭合状态以后,及时对巷道围岩施以二次高强锚注支护技术。该技术过程主要包括破碎围岩注浆加固和二次高强锚杆(索)支护两个阶段。其具体施工步骤为:巷道围岩表面喷浆→高水材料注浆→变形严重区域修复→二次高强锚杆(索)支护→复喷巷道断面。

　　(1)高水材料注浆加固技术及参数

　　巷道注浆加固前,对围岩表面喷射一层混凝土止浆层(喷层厚度 30 mm),防止浆液外泄。待巷道表面混凝土喷层完全硬化后,对巷道全断面进行注浆加固。注浆孔直径 42 mm,顶帮注浆孔深 4 m,底板注浆孔深 3 m,注浆孔排距1.6 m,即每两排锚杆施工一排注浆孔。注浆孔应远离卸压钻孔位置,布置在钢

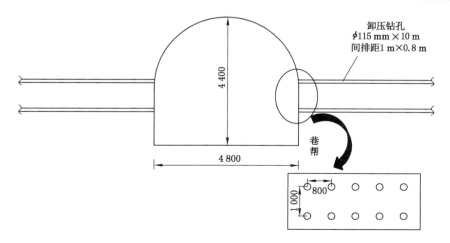

图 6-5 巷帮卸压钻孔布置

筋梯子梁附近。注浆材料采用高水材料(水灰比 1.5：1)。注浆压力一般不超过 2 MPa,围岩极其破碎区域注浆压力小于 1 MPa。注浆管采用钢管制作而成,外径 20 mm,内径 15 mm,壁厚 2.5 mm。顶帮注浆管长度 2.5 m,底板注浆管长度 2 m。注浆管出浆孔直径 6 mm。注浆管尾部加工 30 mm 长螺纹,用于连接注浆管路。巷道断面注浆孔布置和注浆管加工分别如图 6-6 和图 6-7 所示。

(2) 二次高强锚杆(索)支护技术及参数

巷道注浆完成后,即对巷道进行二次高强锚杆(索)支护。二次支护时,对巷道局部变形严重区域进行修复,刷扩出巷道设计断面。① 顶板及两帮采用规格为 $\phi22$ mm×2 400 mm 的 BHRB500 型高强螺纹钢锚杆支护。锚杆间排距为 800 mm×800 mm。与锚杆配套使用的碟形托盘规格为 100 mm×100 mm×12 mm。对锚杆采用 1 支 CK2360 型和 1 支 Z2360 型树脂药卷锚固剂加长锚固。锚杆预紧力为 60 kN。顶板采用规格 $\phi18.9$ mm×8 300 mm 锚索加强支护。锚索排距为 1 600 mm。每排布置 3 根锚索。采用 1 支 CK2360 型和 2 支 Z2360 型树脂药卷锚固剂加长锚固,配套使用的高强托盘规格为 300 mm×300 mm×16 mm。锚索预紧力为 180 kN。② 巷帮采用规格 $\phi18.9$ mm×4 300 mm 短锚索加强支护。锚索排距为 1 600 mm。每排布置 4 根短锚索,两帮各布置 2 根短锚索。对锚索采用 1 支 CK2360 型和 2 支 Z2360 型树脂药卷锚固剂加长锚固。锚索托盘规格为 300 mm×300 mm×16 mm。锚索预紧力为 180 kN。③ 巷道顶帮铺设 $\phi6$ mm 钢筋网。钢筋梯子梁采用 $\phi16$ mm 圆钢制作。二次支护完成后,对巷道表面复喷 30 mm 混凝土喷层,对底板浇筑 200 mm 混凝土地坪,以保持断面完整性。巷道二次支护断面和支护技术参数如图 6-8 所示。

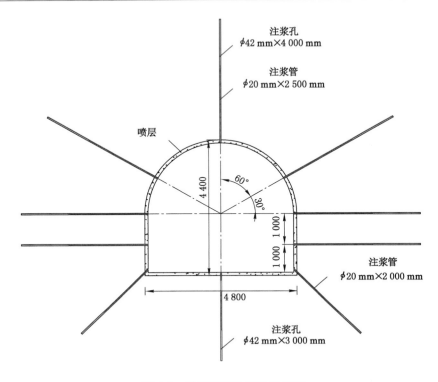

图 6-6　巷道断面注浆孔布置图

6.3　巷道矿压显现结果分析

　　为验证所提出的深部巷道围岩钻孔卸压与锚注支护协同控制技术的合理性,对不同阶段试验巷道围岩表面位移、深部位移及锚杆受力进行了观测。由于一次支护技术和钻孔卸压技术几乎同期进行,分析矿压显现结果时将两者统一归为一次支护阶段,并分别对一次支护阶段及二次支护阶段的矿压显现规律展开分析。

6.3.1　巷道一次支护阶段矿压显现结果分析

　　(1)巷道表面位移

　　图 6-9 给出了一次支护阶段巷道围岩变形曲线。由图 6-9 可知,巷道掘出以后,围岩表面位移随着时间的推移急剧增加,围岩表面位移急剧增加时间约为 40 d,40 d 内巷道顶底板和两帮移近量分别约为 150 mm 和 112 mm,顶底板移

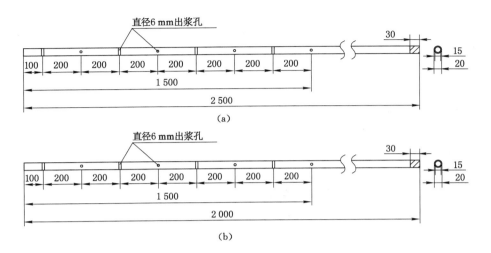

图 6-7 注浆管加工示意图

(a) 顶帮注浆管;(b) 底板注浆管

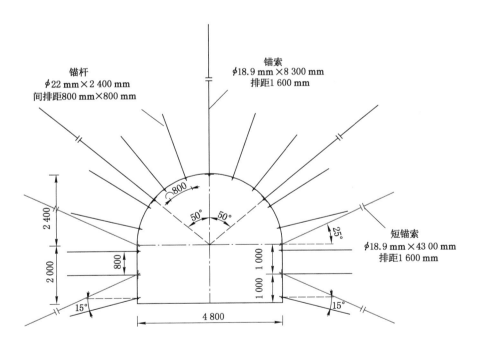

图 6-8 巷道二次支护断面和支护技术参数

近量始终大于两帮移近量。据现场实测结果显示,巷道顶底板移近量主要由底鼓构成,底鼓量占顶底板移近总量的70%以上。巷道卸压钻孔滞后掘进工作面迎头为30~50 m,巷道掘进速度约为3.2 m/d。这就意味着卸压钻孔是在巷道掘出10~15 d时施工的。卸压钻孔施工后,巷道仍处于变形活跃期内,顶底板及两帮移近量仍保持较高的速率增长。随着卸压钻孔周边围岩弹性能量的释放,岩体破碎后体积膨胀,卸压钻孔为其提供了一定的补偿空间,巷帮变形量得到有效控制。巷道掘出30 d后,巷帮变形速率逐渐降低,两帮移近曲线趋于平缓,而顶底移近曲线随着时间的推移则继续增加;40 d后顶底板围岩变形速率趋于稳定,即进入稳定流变阶段。巷道掘出约80 d后,现场观测卸压钻孔基本处于闭合状态,巷帮围岩变形速率开始缓慢增加,这表明卸压钻孔已基本失去卸压功能。此时对巷道进行二次锚注支护较为合适。

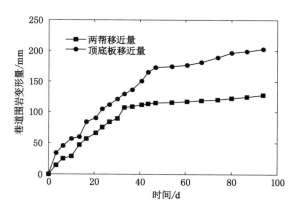

图 6-9 一次支护阶段巷道围岩变形曲线

（2）巷帮深部围岩位移

巷帮深部围岩位移监测曲线如图6-10所示。图6-10中所示的各点位移量均为监测点相对于巷帮深部6 m处的相对位移。由图6-10可知,巷帮围岩向巷道断面方向产生位移的范围大于6 m,表明围岩变形破坏范围超过6 m;在距离巷帮表面5~6 m测得的最大位移约为8 mm,随着与巷帮表面距离的增大,围岩位移量逐渐增加;距巷帮表面0~3 m范围为锚杆的有效锚固区域,巷道掘出100 d后,锚固区内(0~3 m)最大位移差为54 mm,锚杆承受较大的拉力,但锚固区内围岩位移差值小于锚杆极限抗拉应变值,让压锚杆杆体变形处于安全可控的范围内。

（3）锚杆轴力

一次支护阶段锚杆轴力监测曲线如图6-11所示。由图6-11可知,巷道一

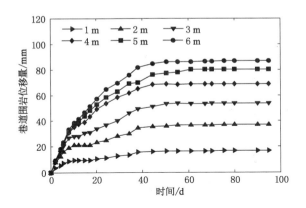

图 6-10　巷帮深部围岩位移监测曲线

次支护完成后,锚杆轴向受力随着时间的推移急剧增加,巷帮锚杆受力最大,肩角锚杆受力次之,顶板锚杆受力最小;巷道掘出 20 d 后,三者受力分别增加至 150 kN、128 kN 和 118 kN。卸压钻孔开挖后(巷道掘出 10～15 d),巷帮锚杆受力的增幅逐渐减缓;巷道掘出 30 d 时,巷帮锚杆受力达到最大值,约为 162 kN;之后随时间的推移,巷帮锚杆受力基本趋于稳定。受卸压钻孔开挖影响,肩角及顶板处锚杆受力均表现出不同程度的增加;巷道掘出 50 d 后,肩角及顶板锚杆受力达到最大值;之后随时间推移,其受力几乎不再变化,分别维持在 175 kN 和 145 kN 左右。巷道锚杆轴力监测结果显示,卸压钻孔可在一定程度上缓解卸压区围岩支护结构受力;卸压钻孔开挖后,巷帮围岩锚杆受力逐渐趋缓后并保持稳定,而肩角及顶板锚杆受力均得到不同程度的增加。上述结论与数值计算结果基本吻合,再次验证了数值计算结果的合理性。

6.3.2　巷道二次支护阶段矿压显现结果分析

　　现场实测矿压结果显示,巷道掘出 80 d 后,巷帮钻孔基本处于闭合状态,巷帮围岩变形速率开始缓慢增加。此时对巷道采取二次锚注支护。二次支护完成后对巷道复喷 30 mm 混凝土喷层,并设置相应的矿压监测站,以监测巷道围岩表面位移、锚杆受力及破碎区分布等。

　　(1) 巷道围岩变形量

　　图 6-12 给出了二次支护阶段巷道围岩变形曲线。由图 6-12 可知,巷道二次锚注支护完成后的最初 20 d,巷道围岩变形相对比较剧烈,两帮及顶底板移近量分别为 63 mm 和 76 mm,分别约占 100 d 后围岩总移近量的 80% 和 68%。分析其原因为:该阶段为二次锚注支护结构与围岩强度耦合阶段,二次锚注承载

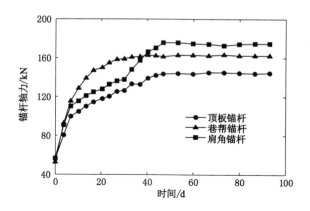

图 6-11　一次支护阶段锚杆轴力监测曲线

结构一旦形成后,通过提供较大的支护阻力,有效控制深部钻孔卸压巷道围岩流变变形。巷道二次支护完成 100 d 后,巷道两帮及顶底板移近量分别为 79 mm 和 111 mm;顶底板移近量主要由底鼓构成,顶板下沉量仅占顶底板总移近量的 20% 左右。此时,巷帮及顶板变形速率均降至 0.2 mm/d 以下。这表明:对于试验巷道,采用"卸压支护"技术后,巷道围岩变形得到了有效控制。据现场实测,一次支护阶段和二次锚注支护巷道阶段两帮及顶底板总移近量分别约为 207 mm 和 314 mm,仅为巷道原支护条件下围岩同期变形的 30% 左右,围岩维护情况较好。

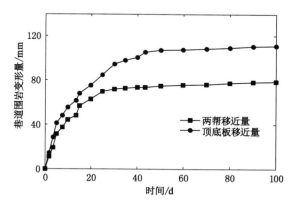

图 6-12　二次支护阶段巷道围岩变形曲线

（2）锚杆轴受力

图 6-13 给出了二次支护阶段锚杆轴力监测曲线。由图 6-13 可知,巷道二

次锚注支护完成初期,随着时间的推移,锚杆受力急剧增加;二次锚注完成20 d后,锚杆受力逐渐趋于稳定;二次锚注完成40 d后,锚杆杆体的受力基本不再变化,此时,巷道两帮、顶板及肩角处锚杆受力分别为159 kN、150 kN 和161 kN,不同位置处锚杆受力较为均匀,其量值浮动控制在10%以内。这表明采用"卸压支护"控制技术,可有效消除巷道锚杆非协调受力,促使支护结构和围岩形成统一、均衡的承载结构,达到控制巷道围岩流变变形的目的。由表5-3可知,BHRB500 型锚杆直径为22 mm时的破断载荷为254.7 kN,二次支护阶段锚杆最大轴力仅为其破断载荷的63%,锚杆自身仍有较大的承载空间,巷道安全系数较高。

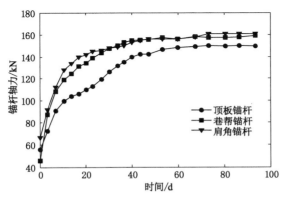

图6-13 二次支护阶段锚杆轴力监测曲线

(3)巷道围岩破碎区监测

试验巷道二次锚注支护完成100 d后,采用岩层钻孔窥视仪探测围岩内部裂隙发育情况。图6-14给出了巷帮围岩钻孔探测结果。由图6-14可知,巷帮浅部破碎围岩得到充分固结,不同深度处围岩裂隙被高水材料浆液完全充填,钻孔孔壁规整完好。这表明巷道浅部围岩通过二次锚注支护,使得支护结构与围岩形成了完整的承载结构,共同抵抗巷道的流变变形,保持巷道稳定。

6.4 本 章 小 结

依据提出的深部巷道围岩钻孔卸压与锚注支护协同控制技术,结合张双楼矿—1 000 m 西大巷的生产地质条件,展开了现场工业性试验,确定了试验巷道一次让压支护技术及参数、钻孔卸压及二次锚注支护技术及参数。工程实践结果表明,巷道采用"卸压支护"技术后,可有效转移巷道围岩周边高应力,消除巷

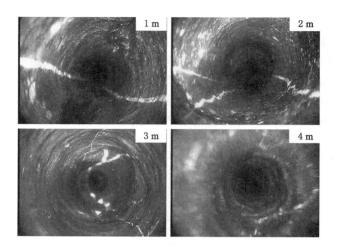

图 6-14 巷帮围岩钻孔探测结果

道支护结构的非协调受力现象,促使支护结构与围岩形成统一、均衡的承载结构,共同抵抗围岩的剧烈变形及长期流变。一次支护及二次支护期间,巷道围岩两帮及顶底板总移近量分别为 207 mm 和 314 mm,顶底板移近量主要由底鼓构成,围岩变形仅为巷道原支护条件下同期变形的 30% 左右,围岩维护情况较好。该技术方案简单易行,可在类似条件下的深部巷道围岩控制领域推广应用。

7　主　要　结　论

　　以深部高应力巷道作为研究对象,结合徐矿集团张双楼矿-1 000 m西大巷的生产地质条件,在国内外研究的基础上,综合应用室内试验、理论计算、数值模拟及现场工业性试验等方法,系统研究深部巷道围岩钻孔卸压与锚注支护协同控制技术。取得主要结论如下所述。

　　(1)采用室内加卸载试验的方法,建立了深部巷道围岩峰后强度衰减模型。将岩样加载至峰后应变软化段各目标点后卸载,获取了不同损伤程度的初始损伤岩样;采用多级围岩多次峰值屈服试验方法测定了初始损伤岩样的力学参数。选取塑性剪切应变 γ_p 表征岩样的损伤变量。拟合得到塑性剪切应变 γ_p 与初始损伤岩样力学参数(内聚力 c、内摩擦角 φ)的函数表达式为:

$$c = 10.595\ 2e^{-\gamma_p/0.004\ 41} + 2.715\ 7$$

$$\varphi = 12.258\ 7e^{-\gamma_p/0.002\ 41} + 25.234\ 9$$

　　通过对塑性剪切应变与 FLAC^{3D} 中的塑性参数间的替换推导,初步建立了可植入数值计算软件的深部巷道围岩强度衰减模型。

　　(2)采用数值模拟方法,校验了所建立的深部巷道围岩强度衰减模型的合理性。通过研究发现:该模型可较好地描述深部巷道围岩峰后应变软化特性。以试验巷道实测矿压显现规律作为已知特征值,采用迭代法反演了岩体的数值计算模型参数。通过与摩尔-库伦模型的对比分析,指出了深部巷道围岩应变软化模型输出结果更接近现场工程结果。从现场角度验证了深部巷道围岩峰后强度衰减模型的合理性。

　　(3)基于钻孔卸压机理的分析,指出了钻孔卸压技术的直接评价指标为围岩的应力转移效果及变形控制效果。依据钻孔卸压程度的不同,提出了非充分卸压、充分卸压和过度卸压的分类标准,同时指出了采用巷道钻孔卸压后产生的新应力峰值 σ'_p 及位置 $L(\sigma'_p)$ 和原应力峰值位置 $L(\sigma_p)$ 应力变化规律的综合分析结果来评价深部巷道围岩应力的转移效果。

　　(4)采用植入深部巷道围岩强度衰减规律的数值计算模型,研究了卸压钻孔方位、卸压时机及钻孔参数(长度、直径及间排距)对深部巷道围岩稳定性的影响。综合理论计算结果,提出了各因素的确定原则。

　　① 卸压钻孔方位确定方法。

　　提出了采用巷道所处应力环境作为深部巷道卸压钻孔方位确定的评判依

据。合理的卸压钻孔方位应垂直于巷道最大主应力方向布置。巷道处于垂直应力场和水平应力场环境时，应分别以布置巷帮水平钻孔和顶板垂直钻孔为主；巷道处于静水应力场时，巷道围岩稳定性受垂直应力和水平应力的共同作用，应同时布置巷帮及顶板卸压钻孔。对于任何应力环境下的巷道，肩角钻孔的开挖对转移围岩高应力效果并不明显，相反增加了肩角围岩剪切滑移变形，不利于巷道的维护。

以张双楼矿－1 000 m 西大巷为例，通过对大屯矿区地应力测量结果的坐标变换，得到试验巷道应力环境为垂直应力场，进而确定巷道卸压钻孔方位主要以布置巷帮水平钻孔为主。

② 钻孔卸压时机确定方法。

合理的钻孔卸压时机应在巷道开挖后至巷道围岩应力调整趋于稳定之前。卸压钻孔滞后巷道开挖时间越短，卸压钻孔越能较早地参与围岩应力调整过程，对于控制巷道围岩变形越有利。巷道围岩应力调整趋于稳定后开挖卸压钻孔，虽然能一定程度上转移巷道围岩周边高应力，但是对于浅部已趋于稳定的围岩将产生新的扰动，其产生的应力的再次调整对于维护巷道稳定反而不利。现场工程应用中，卸压钻孔应尽量紧跟巷道迎头施工，尽可能实现巷道掘进与卸压钻孔开挖的平行作业。

③ 卸压钻孔长度确定方法。

提出了采用卸压钻孔长度 L 与无钻孔时围岩应力峰值处距巷道表面的距离 $L(\sigma_p)$ 的比值 $L/L(\sigma_p)$ 作为卸压钻孔长度的确定指标。当 $L/L(\sigma_p) < 1$ 时，卸压钻孔无法有效转移巷道围岩周边高应力，同时破坏了浅部围岩结构的完整性，不利于巷道维护；当 $L/L(\sigma_p) \geqslant 2$ 后，卸压钻孔能一定程度转移围岩内部的应力峰值，但是对直接影响围岩稳定的原应力峰值 $L(\sigma_p)$ 的影响并不明显，同时增加了巷道围岩应力调整时间与钻孔工程量，这反而不利于巷道的维护。因此，合理的卸压钻孔长度应在 $1 \leqslant L/L(\sigma_p) < 2$ 范围内。

④ 卸压钻孔直径与间排距确定方法。

卸压钻孔直径与间排距是影响卸压钻孔效果极为关键的因素。这些因素对卸压钻孔效果的影响具有一定的相关性。卸压钻孔直径的改变影响着钻孔间排距的确定。钻孔直径是确定钻孔间排距的基础。从减少钻孔工程量角度，应尽可能增加钻孔直径。确定卸压钻孔间排距时，采用巷道围岩原应力峰值位置 $L(\sigma_p)$ 相邻两孔间的应力分布状态作为判定指标。当相邻两孔间的应力峰值相互叠加呈"单峰"状态分布，且应力峰值强度不低于巷道原岩应力时，巷道处于充分卸压状态。此时，既能保证相邻两孔之间的围岩具有一定的承载能力，又可有效地转移巷道围岩周边高应力，控制巷道围岩变形。

（5）分析了不同卸压状态下深部钻孔卸压巷道围岩流变变形特征。巷道围岩进入流变阶段后，若卸压钻孔未闭合，则其残余空间可继续为巷道围岩的膨胀变形提供补偿空间。这导致卸压部位围岩的流变变形具有一定的滞后性。卸压钻孔一旦趋于闭合后，卸压部位围岩随即产生向巷道断面方向的收敛。卸压钻孔对围岩结构及承载能力的弱化作用，导致卸压部位围岩流变速率大于其他部位或者无卸压钻孔时围岩流变速率。卸压部位为巷道围岩流变阶段中的薄弱环节。对该部位施加必要的二次支护对维护深部钻孔卸压巷道围岩的稳定十分关键。

（6）研究了二次支护时机对深部钻孔卸压巷道围岩稳定性的控制效果，提出了二次支护时机的确定原则。二次支护时机对控制深部钻孔卸压巷道围岩的稳定至关重要。二次支护过早时，卸压钻孔并未完全失效，仍发挥着转移围岩高应力和补偿膨胀变形的作用，其产生的应力调整过程将对支护结构产生新的破坏。二次支护太晚时，围岩破坏程度增加，不利于支护结构与围岩的强度耦合，且施工难度较大。在卸压钻孔趋于闭合时进行二次支护，不仅保证卸压钻孔残余空间完全有效被利用，同时可避免围岩过度流变而引发的围岩结构破坏。张双楼矿－1 000 m 西大巷合理的二次支护滞后时间为卸压钻孔开挖 40～60 d 以后。

（7）建立了深部巷道锚注支护结构弹黏塑性力学模型，推导了围岩流变量及流变速率的表达式，分析了锚注支护强度及锚注支护范围对巷道围岩流变变形的时效性控制效果，得到：① 巷道围岩流变速率及流变量随着锚注支护强度及锚注支护范围的增加而逐渐降低。当锚注支护强度及锚注支护范围增加至一定程度后，再继续提高锚注支护强度及锚注支护范围，对巷道围岩流变变形的控制效果趋于平缓。② 锚注支护强度及锚注支护范围的提高可有效缩短巷道围岩进入流变稳定阶段所需的时间。巷道围岩进入稳定流变所需时间与锚注支护强度及锚注支护范围之间的关系均较高程度符合负指数关系。从技术和经济方面考虑，确定合理锚注支护参数对于深部巷道围岩流变变形的控制至关重要。

（8）采用数值模拟方法，分析了锚注支护强度及锚注支护范围对深部巷道围岩流变变形控制效果，得到：① 锚注支护强度及锚注支护范围对巷道围岩流变变形的控制均是与时间相关的过程。二次支护完成初期，锚注支护强度及锚注支护范围的改变对巷道围岩流变的控制并不明显。随着时间的推移，其控制效果差异性逐渐凸显。② 随着锚注支护强度的增加，巷道围岩流变变形逐渐减小。当锚注支护强度增加至一定程度后，再继续提高锚注支护强度，其控制效果趋于平缓。③ 控制巷道围岩流变变形同时需要一个合理的锚注支护范围。锚注支护范围较小，不利于二次支护结构的构建，不足以控制巷道围岩流变变形。锚注支护范围增加至一定程度后，巷道围岩流变速率及流变量均得呈线性关系减小。④ 数值模拟结果一定程度上验证了理论计算结果的合理性。对于张双楼矿—1 000 m 西大巷,经济合理的锚注支护强度应为 0.25 MPa,锚注支护范围为不小于 3.5 m。

(9) 采用数值模拟的方法,分析了卸压钻孔与巷道围岩一次支护结构受力间的相互作用关系,得到:深部巷道围岩受高应力作用下,围岩变形破坏严重,支护系统普遍承受较大的拉力。卸压钻孔可一定程度上缓解了卸压部位支护结构受力,但同时增加了卸压区邻近围岩支护结构的荷载程度。巷道支护系统的非协调受力极易诱发支护单元破断、失效,进而引发巷道局部围岩灾变失稳。据此提出了深部巷道一次高强让压支护技术。该技术可使巷道围岩在恒定高阻力条件下产生稳定变形,释放围岩部分变形破坏能量,减小锚杆(索)破断率,保持支护结构及围岩的稳定性。

(10) 基于对高水材料固结体及锚固体力学性能的分析,提出了深部钻孔卸压巷道围岩二次锚注技术[包括高水材料注浆加固技术、二次高强锚杆(索)联合支护技术及卸压薄弱部位短锚索补强技术],并确定了二次锚注技术的关键参数。二次锚注支护技术兼有锚固与注浆加固两大功能。注浆先于二次锚杆(索)支护施工,可充分固结破碎围岩,为二次锚固提供着力基础。

(11) 总结研究成果,提出了深部巷道围岩钻孔卸压与锚注支护协同控制原则及技术。以时间为界限,其主要包括三个阶段:① 一次高强让压支护技术。其目的在于缓解巷道围岩弹塑性变形阶段和钻孔卸压阶段支护结构荷载程度,减小锚杆(索)失效率,避免局部围岩灾变失稳,为二次锚注支护创造较好的条件。② 钻孔卸压技术。通过施工大孔径卸压钻孔,转移巷道围岩周边高应力,为围岩膨胀变形提供补偿空间,减小巷道围岩变形。③ 二次高强锚注支护技术。其目的在于控制后期围岩流变,阻止围岩向加速流变发展,保持巷道围岩长期稳定。

(12) 依据提出的深部巷道围岩钻孔卸压与锚注支护协同控制技术,结合张双楼矿—1 000 m 西大巷的生产地质条件,展开了现场工业性试验,确定了试验巷道一次让压支护、钻孔卸压及二次锚注支护的技术参数。工程实践结果表明:采用"卸压-支护"技术后,可有效转移巷道围岩周边高应力,消除支护结构的非协调受力现象,促使支护结构与围岩形成统一、均衡的承载结构,以共同抵抗围岩的剧烈变形及长期流变。该技术方案简单易行,可在类似条件下的深部巷道围岩控制领域被推广应用。

参 考 文 献

[1] 柏建彪,李文峰,王襄禹,等.采动巷道底鼓机理与控制技术[J].采矿与安全工程学报,2011,28(1):1-5.

[2] 柏建彪,王襄禹,贾明魁,等.深部软岩巷道支护原理及应用[J].岩土工程学报,2008,30(5):632-635.

[3] 柏建彪,王襄禹,姚喆.高应力软岩巷道耦合支护研究[J].中国矿业大学学报,2007,36(4):421-425.

[4] 北京煤炭工业科学研究院.煤矿掘进技术译文集[M].北京:煤炭工业出版社,1976.

[5] 蔡美峰,何满潮,刘东燕.岩石力学与工程[M].北京:科学出版社,2013.

[6] 蔡美峰,何满潮,刘东燕.中国煤矿软岩巷道支护理论与实践[M].北京:科学出版社,2002.

[7] 陈登红.深部典型回采巷道围岩变形破坏特征及控制机理研究[D].淮南:安徽理工大学,2014.

[8] 陈坤福.深部巷道围岩破裂演化过程及其控制机理研究与应用[D].徐州:中国矿业大学,2009.

[9] 陈学华.构造应力型冲击地压发生条件研究[D].阜新:辽宁工程技术大学,2004.

[10] 陈玉民,徐鼎平.FLAC/FLAC^{3D}基础与工程实例[M].北京:中国水利水电出版社,2009.

[11] 陈宗基.地下巷道长期稳定性的力学问题[J].岩石力学与工程学报,1982,1(1):1-20.

[12] 程昌钧,朱媛媛.弹性力学[M].上海:上海大学出版社,2005.

[13] 程鸿鑫,沈明荣.在普通压力机进行岩石三轴单块试验方法[J].岩石力学与工程学报,1987,6(1):39-46.

[14] 程家洋.让压支护技术在高压力、高变形巷道的应用[J].煤炭工程,2004(5):79-80.

[15] 丁大钧,单炳梓,马军.工程塑性力学[M].南京:东南大学出版社,2007.

[16] 范明建.锚杆预应力与巷道支护效果的关系研究[D].北京:煤炭科学研究总院,2007.

[17] 冯豫.关于煤矿推行新奥法问题[J].煤炭科学技术,1981(4):33-36.

[18] 冯豫.我国软岩巷道支护的研究[J].矿山压力与顶板管理,1990(2):42-44.

[19] 付国彬,姜志方.深井巷道矿山压力控制[M].徐州:中国矿业大学出版社,1996.

[20] 付国彬.巷道围岩破裂范围与位移的新研究[J].煤炭学报,1995,20(3):304-310.

[21] 高明仕,张农,窦林名,等.基于能量平衡理论的冲击矿压巷道支护参数研究[J].中国矿业大学学报,2007,36(4):426-430.

[22] 高明仕,张农,郭春生,等.三维锚索与巷帮卸压组合支护技术原理及工程实践[J].岩土工程学报,2005,27(5):587-590.

[23] 郭保华,陆庭侃.深井巷道底鼓机理及切槽控制技术分析[J].采矿与安全工程学报,2008,25(1):91-94.

[24] 何炳银,张士环,尹建国.高地压巷道锚索让压支护技术的探讨[J].煤炭工程,2005(9):22-25.

[25] 何峰,王来贵.圆形巷道围岩的流变分析[J].西部探矿工程,2007(1):139-141.

[26] 何满潮.工程地质力学的挑战与未来[J].工程地质学报,2014,22(4):543-556.

[27] 何满潮.深部的概念体系及工程评价指标[J].岩石力学与工程学报,2005,24(16):2854-2858.

[28] 何满潮.深部开采工程岩石力学的现状及其展望[C].北京:科学出版社,2011.

[29] 何满潮,谢和平,彭苏萍,等.深部开采岩体力学研究[J].岩石力学与工程学报,2005,24(16):2803-2813.

[30] 何满潮,邹正盛,彭涛.论高应力软岩巷道支护对策[J].水文地质工程地质,1994(4):7-11.

[31] 贺永年,韩立军,邵鹏,等.深部巷道稳定的若干岩石力学问题[J].中国矿业大学学报.2006,35(3):288-295.

[32] 侯朝炯,柏建彪,张农,等.困难复杂条件下的煤巷锚杆支护[J].岩土工程学报,2001,23(1):84-88.

[33] 侯朝炯,勾攀峰.巷道锚杆支护围岩强度强化机理研究[J].岩石力学与工程学报,2000,19(3):342-345.

[34] 侯朝炯,郭励生,勾攀峰.煤巷锚杆支护[M].徐州:中国矿业大学出版

社,1999.

[35] 侯朝炯.巷道围岩控制[M].徐州:中国矿业大学出版社,2013.

[36] 侯公羽,牛晓松.基于 Levy-Mises 本构关系及 Hoek-Brown 屈服准则的轴对称圆巷理想弹塑性解[J].岩石力学与工程学报,2010,29(4):765-777.

[37] 胡强,童忠钫.非线性粘弹性材料的微分型本构方程[J].浙江大学学报(自然科学版),1989,23(4):6-15.

[38] 黄万朋.深井巷道非对称变形机理与围岩流变及扰动变形控制研究[D].北京:中国矿业大学(北京),2012.

[39] 贾乃文.粘塑性力学及工程应用[M].北京:地震出版社,2000.

[40] 姜耀东,刘文岗,赵毅鑫,等.开滦矿区深部开采中巷道围岩稳定性研究[J].岩石力学与工程学报,2005,24(11):1857-1862.

[41] 康红普,姜铁明,高富强.预应力锚杆支护参数的设计[J].煤炭学报,2008,33(7):721-726.

[42] 康红普,姜铁明,高富强.预应力在锚杆支护中的作用[J].煤炭学报,2007,32(7):680-685.

[43] 康红普,林健,吴拥政.全断面高预应力强力锚索支护技术及其在动压巷道中的应用[J].煤炭学报,2009,34(9):1153-1159.

[44] 康红普,林健,杨景贺,等.松软破碎井筒综合加固技术研究与实践[J].采矿与安全工程学报,2010,33(5):447-452.

[45] 康红普,王金华,林健.高预应力强力支护系统及其在深部巷道中的应用[J].煤炭学报,2007,32(12):1233-1238.

[46] 康红普,王金华,林健.煤矿巷道锚杆支护应用实例分析[J].岩石力学与工程学报,2010,29(4):649-664.

[47] 康红普,王金华.煤巷锚杆支护理论与成套技术[M].北京:煤炭工业出版社,2007.

[48] 李冲.软岩巷道让压壳-网壳耦合支护机理与技术研究[D].徐州:中国矿业大学,2012.

[49] 李大伟.深井、软岩巷道二次支护围岩稳定原理与控制研究[D].徐州:中国矿业大学,2006.

[50] 李宏哲,夏才初,许崇帮,等.基于多级破坏方法确定岩石卸荷强度参数的试验研究[J].岩石力学与工程学报,2008,27(S1):2681-2686.

[51] 李化敏,付凯.煤矿深部开采面临的主要技术问题及对策[J].采矿与安全工程学报,2006,23(4):468-471.

[52] 李术才,王汉鹏,钱七虎,等.深部巷道围岩分区破裂化现象现场监测研究

[J].岩石力学与工程学报,2008,27(8):1545-1553.

[53] 李树彬.三软煤层回采巷道支护中钻孔卸压技术[J].煤炭科学技术,2012,40(6):29-32.

[54] 李树彬."三软"煤层回采巷道钻孔卸压控制围岩变形研究[D].开封:河南理工大学,2009.

[55] 李学华,黄志增,杨宏敏,等.高应力硐室底鼓控制的应力转移技术[J].中国矿业大学学报,2006,35(3):296-300.

[56] 连传杰,徐卫亚,王志华.一种新型让压管锚杆的变形特性及其支护作用机理分析[J].防灾减灾工程学报,2008,28(2):242-247.

[57] 廉常军.西川煤矿迎采掘巷护巷煤柱宽度及围岩控制技术研究[D].徐州:中国矿业大学,2014.

[58] 刘德利.回采巷道预应力让压均压锚杆支护技术研究[D].泰安:山东科技大学,2008.

[59] 刘红岗,贺永年,韩立军,等.深井煤巷卸压孔与锚网联合支护的模拟与实践[J].采矿与安全工程学报,2006,23(3):258-263.

[60] 刘红岗,贺永年,徐金海,等.深井煤巷钻孔卸压技术的数值模拟与工业试验[J].煤炭学报,2007,32(1):33-37.

[61] 刘红岗,徐金海.煤巷钻孔卸压机理的数值模拟与应用[J].煤炭科技,2003(4):37-38.

[62] 刘泉声,高伟,袁亮.煤矿深部岩巷稳定控制理论与支护技术及应用[M].北京:科学出版社,2010.

[63] 刘夕才,林韵梅.软岩巷道弹塑性变形的理论分析[J].岩土力学,1994,15(2):27-36.

[64] 鲁岩,邹喜正,刘长友,等.巷旁开掘卸压巷技术研究与应用[J].采矿与安全工程学报,2006,23(3):329-332.

[65] 陆士良,汤雷.巷道锚注支护机理的研究[J].中国矿业大学学报,1996,25(2):3-8.

[66] 孟宪义,程东全,勾攀峰,等."三软"煤层回采巷道钻孔卸压参数研究[J].河南理工大学学报(自然科学版),2011,30(5):529-533.

[67] 牛双建,靖洪文,杨旭旭,等.深部巷道破裂围岩强度衰减规律试验研究[J].岩石力学与工程学报,2012,31(08):1587-1596.

[68] 牛双建.深部巷道围岩强度衰减规律研究[D].中国矿业大学,2011.

[69] 彭成.2004—2008年全国煤矿顶板事故分析[J].中国煤炭,2010(1):104-105.

[70] 彭文斌.FLAC³D实用教程[M].北京:机械工业出版社,2011.

[71] 钱鸣高,石平五,许家林.矿山压力与岩层控制[M].徐州:中国矿业大学出版社,2011.

[72] 苏承东,尤明庆.单一试样确定大理岩和砂岩强度参数的方法[J].岩石力学与工程学报,2004,23(18):3055-3058.

[73] 孙恒虎.高水速凝材料及其应用[M].徐州:中国矿业大学出版社,1994.

[74] 孙钧,潘晓明,王勇.隧道软弱围岩挤压大变形非线性流变力学特征及其锚固机制研究[J].隧道建设,2015,35(10):969-980.

[75] 孙钧,潘晓明,王勇.隧道围岩挤入型流变大变形预测及其工程应用研究[J].河南大学学报(自然科学版),2012,42(5):646-653.

[76] 孙书伟,林杭,任连伟.FLAC³D在岩土工程中的应用[M].北京:中国水利水电出版社,2011.

[77] 单仁亮,杨昊,钟华,等.让压锚杆能量本构模型及支护参数设计[J].中国矿业大学学报,2014,43(2):241-247.

[78] 田建胜,靖洪文.软岩巷道爆破卸压机理分析[J].中国矿业大学学报,2010,39(1):50-54.

[79] 万世文.深部大跨度巷道失稳机理与围岩控制技术研究[D].徐州:中国矿业大学,2011.

[80] 汪斌,朱杰兵,邬爱清,等.锦屏大理岩加、卸载应力路径下力学性质试验研究[J].岩石力学与工程学报,2008,27(10):2138-2145.

[81] 王阁.预应力让压锚杆的数值模拟研究及其应用[D].泰安:山东科技大学,2007.

[82] 王桂峰,窦林名,李振雷,等.支护防冲能力计算及微震反求支护参数可行性分析[J].岩石力学与工程学报,2015,34(2):4125-4131.

[83] 王宏伟.长壁孤岛工作面冲击地压机理及防冲技术研究[D].北京:中国矿业大学(北京),2011.

[84] 王洛锋,姜福兴,于正兴.深部强冲击厚煤层开采上、下解放层卸压效果相似模拟试验研究[J].岩土工程学报,2009,31(3):442-446.

[85] 王猛.深部巷道钻孔卸压机理与围岩稳定控制研究[D].徐州:中国矿业大学,2015.

[86] 王卫军,李树清,欧阳广斌.深井煤层巷道围岩控制技术及试验研究[J].岩石力学与工程学报,2006,25(10):2102-2107.

[87] 王襄禹,柏建彪,陈勇,等.软岩巷道锚注结构承载特性的时变规律与初步应用[J].岩土工程学报,2013,35(3):469-475.

[88] 王襄禹,柏建彪,李磊,等.近断层采动巷道变形破坏机制与控制技术研究[J].采矿与安全工程学报,2014,31(5):674-680.

[89] 王襄禹,柏建彪,李伟.高应力软岩巷道全断面松动卸压技术研究[J].采矿与安全工程学报,2008,25(1):37-40.

[90] 王襄禹.高应力软岩巷道有控卸压与蠕变控制研究[D].徐州:中国矿业大学,2008.

[91] 王英汉,梁政国.煤矿深浅部开采界线划分[J].辽宁工程技术大学学报(自然科学版),1999,18(1):23-26.

[92] 魏培君,张双寅,吴永礼.粘弹性力学的对应原理及其数值反演方法[J].力学进展,1999,29(3):317-330.

[93] 吴海.深部倾斜岩层巷道非均称变形演化规律及稳定控制[D].徐州:中国矿业大学,2014.

[94] 吴海进.高瓦斯低透气性煤层卸压增透理论与技术研究[D].徐州:中国矿业大学,2009.

[95] 吴鑫,张东升,王旭锋,等.深部高应力巷道钻孔卸压的 3DEC 模拟分析[J].煤矿安全,2008(10):51-53.

[96] 吴玉山,李纪鼎.确定岩石强度包络线的新方法—单块法[J].岩土工程学报,1985,7(2):85-91.

[97] 谢和平,鞠杨,黎立云,等.岩体变形破坏过程的能量机制[J].岩石力学与工程学报,2008,27(9):1729-1740.

[98] 谢和平,鞠杨,黎立云.基于能量耗散与释放原理的岩石强度与整体破坏准则[J].岩石力学与工程学报,2005,24(17):3003-3010.

[99] 谢和平.深部开采基础理论与工程实践[M].北京:科学出版社,2006.

[100] 闫帅.采动影响下煤柱沿空巷道围岩控制研究[D].徐州:中国矿业大学,2013.

[101] 闫永敢.大同矿区冲击地压防治机理及技术研究[D].太原:太原理工大学,2011.

[102] 杨峰.高应力软岩巷道变形破坏特征及让压支护机理研究[D].徐州:中国矿业大学,2009.

[103] 杨骁,程昌钧.粘弹性与弹性平面问题间的某些恒等关系[J].应用数学和力学,1997,18(12):1081-1088.

[104] 杨志法.用追踪法确定连续破坏状态三轴试验的控制参数[J].地质科学,1985(3):266-274.

[105] 易丽军.突出煤层密集钻孔瓦斯预抽实验室与数值试验研究[D].徐州:中

国矿业大学,2008.

[106] 尤明庆,华安增.应力路径对岩样强度和变形特性的影响[J].岩土工程学报,1998,20(5):104-107.

[107] 于学馥.地下工程围岩稳定分析[M].北京:煤炭工业出版社,1983.

[108] 于勇刚.高强让压锚杆支护特性及让压卸压耦合作用研究[D].阜新:辽宁工程技术大学,2012.

[109] 袁文伯,陈进.软化岩层中巷道的塑性区与破碎区分析[J].煤炭学报,1986(3):77-86.

[110] 张宾川.基于能量平衡理论的深部软岩巷道支护技术研究[D].北京:中国矿业大学(北京),2015.

[111] 张农.巷道滞后注浆围岩控制理论与实践[M].徐州:中国矿业大学出版社,2004.

[112] 张农,袁亮,王成,等.卸压开采顶板巷道破坏特征及稳定性分析[J].煤炭学报,2011,36(11):1784-1789.

[113] 张学言,闫澍旺.岩土塑性力学基础[M].天津:天津大学出版社,2006.

[114] 赵星光,蔡明,蔡美峰.岩石剪胀角模型与验证[J].岩石力学与工程学报,2010,29(5):970-981.

[115] 郑贺,王猛,徐少辉.深部巷道围岩钻孔卸压与围岩控制技术研究[J].矿业安全与环保,2014,41(5):51-55.

[116] 郑颖人,沈珠江,龚晓南.岩土塑性力学原理[M].北京:中国建筑工业出版社,2004.

[117] 周钢,李玉寿,吴振业.大屯矿区地应力测量与特征分析[J].煤炭学报,2005,30(3):314-318.

[118] 朱伟.徐州矿区深部地应力测量及分布规律研究[D].泰安:山东科技大学,2007.

[119] ALEHANO L R, ALONSO E. Considerations of the dilatancy angle in rocks and rock masses[J]. International Journal of Rock Mechanics And Mining Sciences. 2005,42(4):481-507.

[120] DIERING D H. Ultra-deep level mining-future requirements[J]. Journal of the South African Institute of Mining and Metallurgy,1997,97(6):249-255.

[121] HAYATI A N, AHMADI M M, HAJJAR M, et al. Unsupported advance length in tunnels constructed using New Austrian Tunnelling Method and ground surface settlement[J]. International Journal for

Numerical and Analytical Methods in Geomechanics,2013,37(14):2170-2185.

[122] HE M C,GONG W L,WANG J,et al. Development of a novel energy-absorbing bolt with extraordinarily large elongation and constant resistance[J]. International Journal of Rock Mechanics and Mining Sciences,2014,67(4):29-42.

[123] HOSSEINIAN S,REINSCHMIDT K F. Finding best model to forecast construction duration of road tunnels with New Austrian Tunneling Method using bayesian inference case study of niayesh highway tunnel in iran[J]. Transportation Research Record,2015,25(2):113-120.

[124] HOU C J. Review of roadway control in soft surrounding rock under dynamic pressure[J]. Journal of Coal Science & Engineering (China), 2003,9(1):1-7.

[125] HUANG M Q,WU A X,WANG Y M,et al. Geostress measurements near fault areas using borehole stress-relief method[J]. Transactions of Nonferrous Metals Society of China,2014,24(11):3660-3665.

[126] JIA T R,ZHANG Z M,TANG C A,et al. Numerical simulation of stress-relief effects of protective layer extraction[J]. Archives of Mining Sciences,2013,58(2):521-540.

[127] JOHN A. Hudson Engineering rock mechanics[M]. New York:Redwood Books Press,1997.

[128] KANG H P,LIN J,FAN M J. Investigation on support pattern of a coal mine roadway within soft rocks-a case study[J]. International Journal of Coal Geology,2015,140(2):31-40.

[129] KIM J S,KIM M K,JUNG S D. Two-dimensional numerical tunnel model using a Winkler-based beam element and its application into tunnel monitoring systems [J]. Cluster Computing-the Journal of Networks Software Tools and Applications,2015,18(2):707-719.

[130] KOVARI K, TISA A, EINSTEIN H H. Suggested methods for determining the strength of rock materials in triaxial compression: Revised version[J]. Int J Rock Mech Min Sci & Geomech Abstr. ,1983, 20(6):283-290.

[131] MALAN D F. Time-dependent Behaviour of Deep Level Tabular Excavations in Hard Rock [J]. Rock Mechanics and Rock Engineering,

1999,32(2):123-155.

[132] RABCEWICEZ L V. The new Austrian tunneling method[J]. Water Power,1965(1):19-24.

[133] SALAMON M D. Energy considerations in rock mechanics:fundamental results [J]. Journal of Southern Africa Institute of Mining and Metallurgy,1984,84(8):233-246.

[134] SEALAK V. Energy evaluation of destress blasting [J]. Acta Montanistica Slovaca,1997,2(2):11-15.

[135] SELLERS E J,KLERCK P. Modeling of the effect of discontinuities on the extent of the fracture zone surrounding deep tunnels (Reprinted from Tunnels under Pressure)[J]. Tunnelling and Underground Space Technology,2000,15(4):463-469.

[136] SHEN B T. Coal mine roadway stability in soft rock:a case study[J] Rock Mechanics and Rock Engineering,2014,47(6):2225-2238.

[137] SONG D Z,WANG E Y,XU J K,et al. Numerical simulation of pressure relief in hard coal seam by water jet cutting[J]. Geomechanics and Engineering,2015,8(4):495-510.

[138] SUN J,WANG S J. Rock mechanics and rock engineering in China: developments and current state-of-the-art[J]. International Journal of Rock Mechanics and Mining Science,2000,37(9):447-465.

[139] ULLAH S,PICHLER B,HELLMICH C. Modeling ground-shell contact forces in NATM tunneling based on three-dimensional displacement measurements [J]. Journal of Geotechnical and Geoenvironmental Engineering,2013,139(7):444-457.

[140] VERMEER P A, DEBORST R. Non-associated plasticity for soils, concrete and rock[J]. Heron. 1984,29(3):3-64.

[141] VOGEL M, ANDRAST H P. Alp transit-safety in construction as a challenge,health and safety aspects in very deep tunnel construction[J]. Tunnelling and Underground Space Technology,2000,15(4):481-484.

[142] YASITLI N E. Numerical modeling of surface settlements at the transition zone excavated by New Austrian Tunneling Method and Umbrella Arch Method in weak rock [J]. Arabian Journal of Geosciences,2015,6(7):2699-2708.